能源地下结构

[瑞士] 吕 塞 · 拉 卢 伊 　编著
何莉塞 · 迪 · 唐纳

孔纲强　等译
刘汉龙　校

中国建筑工业出版社

著作权合同登记图字：01-2016-5487号

图书在版编目（CIP）数据

能源地下结构/（瑞士）拉卢伊，唐纳编著；孔纲强等译. —北京：中国
建筑工业出版社，2016.9
ISBN 978-7-112-19661-6

Ⅰ.①能…　Ⅱ.①拉…②唐…③孔…　Ⅲ.①地热能-热泵-应用-建筑-
节能-研究　Ⅳ.①TU111.4

中国版本图书馆 CIP 数据核字（2016）第178721号

Energy Geostructures：Innovation in Underground Engineering / Lyesse Laloui and Alice Di Donna，
978-1848215726/184821572X

责任编辑：杨　允　董苏华
责任校对：王宇枢　张　颖

能源地下结构

［瑞士］　吕塞·拉卢伊
　　　　　何莉塞·迪·唐纳　编著
　　　　　　　孔纲强　等译
　　　　　　　刘汉龙　校
*
中国建筑工业出版社出版、发行（北京西郊百万庄）
各地新华书店、建筑书店经销
北京嘉泰利德公司制版
北京中科印刷有限公司印刷
*
开本：787×960毫米　1/16　印张：17　字数：294千字
2016年11月第一版　2016年11月第一次印刷
定价：60.00元
ISBN 978-7-112-19661-6
　　　　（29160）

译者的话

《能源地下结构》（Energy Geostructures: Innovation in Underground Engineering）是国内外第一部能源地下结构相关的学术专著。该专著的不同章节部分，分别由该领域最优秀学者撰写，从能源地下结构的性能研究、设计到使用分析进行详细描述。该书涵盖面丰富，包括针对能源地下结构的全尺寸现场试验、小比尺模型试验、离心机模型试验、理论计算分析与数值模拟研究，以及土体热力学特性试验与本构模型研究。

Lyesse Laloui 教授组织汇集了瑞士、英国、美国、法国等相关顶级专家，撰写了本书稿、汇集了国外的典型能源岩土结构工程案例。Lyesse Laloui 教授是瑞士洛桑联邦理工学院（2016 年 QS 世界大学排名第 14 位）终身教授、土木工程系主任、土力学实验室负责人，是国内外最早开展能量桩单桩、群桩现场试验，基于考虑土体热本构模型的数值模型分析能量桩热力学特性的学者之一。

近年来，我国能源岩土地下结构（尤其是能量桩、能源地下连续墙等）得到了越来越广泛地工程应用，上海世博轴能源地下连续墙是目前国内外能源岩土地下结构中使用延米数最大的单体工程之一；同时，南京朗诗国际街区、浙江省温州市双井头小区、上海世博会城市最佳实践区汉堡馆、天津市梅江综合办公楼、同济大学旭日楼、天津市塘沽凯华商业广场以及吴江中达电子营建处办公楼等项目中均应用了能量桩技术。但是，我国能源地下结构相关的研究成果和理论指导，相对落后于实际应用。因此，该书的翻译出版，对该领域的设计、施工和研究等具有重要的参考价值。

本书翻译和校审由刘汉龙长江学者创新团队能量桩研究小组完成，孔纲强教授翻译前言及第 11 和 14 章并负责统稿，硕士研究生周杨翻译第 2、3 和 9 章，博士研究生彭怀风翻译第 6、7 和 10 章，博士研究生李春红翻译第 1 和 8 章，博士研究生黄旭翻译第 4 和 5 章，硕士研究生郝耀虎翻译第 12 和 13 章，刘汉龙教授负责校审。由于时间和译者水平有限，难免存在错误和疏漏之处，恳请大家不吝指正。

译　者
2016 年 9 月

前　言

　　能源地下结构，作为一种可再生的、清洁的能量技术，可用于建筑、基础设施和各类环境中的升温及降温，在世界范围内逐渐得到推广应用。该技术将地下结构的力学特性与浅层地热能供能传递有机地结合在一起；冬季可以从地下提取浅层地热能为上部建筑供暖，夏季可以将上部建筑中的热量存储在地下土体中以满足上部建筑的制冷需求。

　　与传统地下结构物相比，能源地下结构具有提供承载和能源传递双重作用，相对更复杂的结构与功能给能源地下结构物的设计提出了更多更高的挑战。除了已知的满足上部建筑荷载需求的设计内容外，还要满足能量供应与利用方面的相关技术问题；包括地源热泵设备的设计及尺寸、热需求量、相应的系统优化、温度变化引起的结构物附加应力与附加沉降，并明确不同设计人员在项目中各自的职责等。能源地下结构作为一种新型的工程技术，非常有必要提高其相关的专业基础知识普及，并明确其设计与计算过程。

　　本书的目的是结合已有能源地下结构应用实例，全面综述能源地下结构基础知识与设计方法。该书分为三个部分，每部分又划为不同的章节，由在该领域最睿智的工程技术人员与学者撰写。第一部分：能量桩物理模型试验，包括土体热力学特性室内试验，能源地下结构的现场试验、离心机模型试验以及小比尺模型试验。第二部分：数值模拟分析，包括考虑不同气候区域影响下能量桩、隧道、桥梁等基础的数值模拟结果与使用情况。第三部分：工程实例，介绍项目的交付使用及相关岩土工程设计软件的发展以及能源地下结构的实际工程案例应用。

　　本书作者感谢所有各章节撰写人对能源地下结构技术创新所作出的贡献。

吕塞·拉卢伊（Lyesse Laloui）& 何莉塞·迪·唐纳（Alice Di Donna）

2013 年 7 月

目　录

第一部分　能量桩物理模型试验

第二部分　能源地下结构数值模型

第三部分 工程实例

第一部分
能量桩物理模型试验

第1章
能源地下结构周围土体的热力学响应

Alice Di Donna & Lyesse Laloui

建筑物基础作为结构物与支撑土体之间的承接体，起到连接两者的作用，并能够使上部结构物荷载通过基础传递到支撑土体。为了保证上部结构物的稳定性和舒适性，基础必须满足以下几点需求：（1）允许位移；（2）允许（实际）应力；（3）相对于失效的极限安全系数 [BSI 95]，而这些要求与周围土体的类型和性质息息相关。工程地质勘察是土体响应数据的来源，也是相关基础设计的依据；土体热力学响应特性对地下结构设计具有重要作用，因为每种结构都需要将荷载传递到土体中。能源地下结构除了需要考虑支撑上部荷载的作用，还需要增加考虑能源供应的功能。如此一来，建筑基础结构将会受到从桩体传输到地基的力学和热学双重荷载作用影响。所以，非常有必要针对土体热力学响应特性进行系统深入地研究。因此，本章基于能源地下结构影响的土体范围，研究分析土体热力学特性；提出了一个能够模拟能源地下结构周围土体热力学特性的本构模型，并将该模型应用于典型区域土体中能量桩的设计与计算。

1.1 引言

与浅基础相比，桩基础（深基础）的作用主要是穿越承载能力较差的浅层土、将上部建筑物荷载传递到承载力相对更好的土体持力层，从而有效控制上部建筑物沉降。桩基础设计与计算过程中，有两个方面与周围土体性状相关：一是结构承载力评估，二是位移预测。考虑单根桩的力学平衡（图 1.1），桩体能承受的最大的荷载 Q_{LIM}，可以由下式计算：

$$Q_{LIM} = Q_S + Q_P - W_P \tag{1.1}$$

式中，Q_S 为桩侧摩阻力；Q_P 为桩端阻力；W_P 是桩体重量 [LAN 99]。

一般情况下，桩侧摩阻力和桩端阻力的计算公式如下：

$$Q_\mathrm{S} = \int_0^H \int_0^{2\pi} \sigma'_\mathrm{h} \cdot \tan\delta \cdot R \mathrm{d}\omega \mathrm{d}z \qquad (1.2)$$

$$Q_\mathrm{P} = \int_0^R \int_0^{2\pi} (9c_\mathrm{u} + \sigma_\mathrm{v}) \cdot r \mathrm{d}\omega \mathrm{d}r \qquad (1.3)$$

式中，H 为桩体高度；σ'_h 为垂直于桩-土接触面的水平有效应力；δ 为接触面摩擦角；R 为桩体半径；c_u 为不排水剪切强度；σ_v 为桩端竖向应力；r，ω 和 z 分别代表径向、环向和垂直方向的圆柱坐标。

由式（1.2）和式（1.3）可见，桩侧摩阻力值不仅取决于接触面摩擦角，而且还取决于桩-土接触面的应力状态；桩端阻力与桩端以下土体的承载能力直接相关。

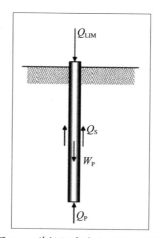

图 1.1   单根桩基受力平衡示意图

当桩体热荷载传递到土体时，热荷载会引起土体的体积改变；而土体在热荷载作用下的体积变化特性主要取决于土体的类型。因此，土体温度的变化可以（积极地或者消极地）影响桩-土接触面的应力状态，改变桩端处土体的剪切强度。更重要的是，土体的体积变化会引起基础的位移，导致土体膨胀时基础向上运动、收缩时向下运动。土体温度变化对基础的影响，与能源地下结构应用时受影响的土体体积以及所能引起的土体温度变化范围相关。尽管目前应用的能量桩，施加的温度荷载范围在 2~30℃ 之间（见第 3 章中与目前应用相关的数据）；但是，未来的发展会通过其他技术手段（例如，太阳能电池板技术等）往地下注入或存储热量，这将会在土体中引起更大的温度变化。

1.2　土体热力学特性

土体是由土骨架、孔隙水和空气组成的多孔材料，土骨架一般为颗粒或者聚集物，孔隙中充满水时为饱和土体，孔隙中混合充填的水和空气时为非饱和土体。本章不考虑部分饱和土体情况（详见第8章中关于非饱和土体中能量桩[FRA 08]和非饱和土体的非等温性状介绍）。土骨架可以分为两类：（1）粗粒土（砂或者碎石）；（2）细粒土（粉土或者黏土）。砂性土排水加热时，土颗粒和水都会产生热膨胀、体积增加，且水的热膨胀系数高于颗粒；但是在排水条件下，孔隙水会在加热过程中自由排出土体，从而不影响整体土体材料的体积变化。黏性土的热力学响应特性则相对复杂得多，因为这种响应是黏土微观结构和电化学平衡共同作用的结果；下一节将着重介绍。关于这部分的详细情况还可以见参考文献[HUE 92]。部分常见土体矿物质和水的热膨胀系数见表1.1。

材料	体积热膨胀系数 (T代表温度)[MCK 65，DIX 93]　　表1.1
	体积热膨胀系数 $[10^{-6}℃^{-1}]$
白云母	24.8
高岭石	29.0
绿泥石	31.2
伊利石	25.0
蒙脱石	39.0
水	$139+6.1 \cdot T$

饱和黏性土的各组成部分（晶粒/聚集物和水）在加热时会产生热弹性膨胀。相关试验观察结果表明，排水条件下黏性土加热引起的土体体积收缩或者膨胀取决于应力历史。应力历史通常可以通过超固结比（OCR）描述，超固结比定义如下：

$$\text{OCR}=\frac{\sigma'_p}{\sigma'_v} \tag{1.4}$$

式中，σ'_p为前期固结应力；σ'_v为现有有效应力。

前期固结应力是指土体在历史上曾受到过的最大有效应力。土体对于所承受的最大应力具有记忆功能，当土体承受的应力比前期固结应力值小时，所产生的变形相对较小且可逆（弹性部分）；当土体承受的应力达到并且超过初始的前期固结应力值，所产生的变形会相对较大且部分变形不可逆（弹塑性）。前期固结应力对应的土体状态是最大密实度（或者最小孔隙比）状态。从力学观点出发，前期固结应力可以用来定义施加应力之后土体弹性和弹塑性区域的界限。当 OCR 在 1~2 之间时，现有有效应力与土体历史上承受的最大应力接近，就认为土体是属于正常固结土（NC）；当 OCR 大于 2 时，现有有效应力小于历史最大应力，认为土体属于是超固结土（OC）。相关研究结果表明，细粒土在排水条件下温度响应为：正常固结土加热时产生热收缩，且部分体积变化不可逆；强超固结土加热时体积膨胀，冷却时膨胀可以恢复；弱超固结土的热学响应介于两者之间，土体在加热时一开始体积膨胀、随后收缩，冷却时体积收缩。与上述特性相关的试验结果最早可以追溯到 1960~1980 年之间 [CAM 68，PLU 69，DEM 82，DES 88，BAL 88]，这些结果现在也已经得到了大量相关文献的验证 [MIL 92，TOW 93，BUR 00，CEK 04]。作者也通过对不同含量的伊利石、高岭石、绿泥石或蒙脱石为主要成分的黏性土材料进行研究，获得了类似的结果；部分试验结果如图 1.2 所示。试验结果表明，在恒定的力学荷载下，正常固结黏土（见图 1.2 中的 NC 情况）或弱超固结黏土（见图 1.2 中 OCR=2 的情况）在温度升高时将会产生不可逆的变形。为了建立可以描述这种现象的理论框架，相关学者对不同黏性土进行了大量试验研究；相关研究结果表明，恒定孔隙比条件下，升温时"现有"（强调施加的力学荷载不变，从而保证历史上施加的最大荷载总是恒定）前期固结应力会下降；部分实测数据规律如图 1.3 所示。

为了能够使用一个系统化的本构模型来描述这些试验结果，可以在平均有效应力 - 温度的二维平面坐标系内作图展示出现有前期固结应力的发展规律，如图 1.4 所示；平均有效应力 p' 的定义为：

$$p' = \frac{\sigma'_v + 2 \cdot \sigma'_h}{3} \tag{1.5}$$

该平面坐标系考虑了各向同性的前期固结应力（即土体曾受到的最大平均有效应力）的影响。正如前面所讨论的，现有前期固结应力代表着弹性和弹塑性区域的界限；图 1.4 中，点 A 代表材料在初始温度(T_0)的状态，由于现有力学荷载(p'_A)小于前期固结应力 (p'_{prec})，所以土体处于超固结状态。如果在平均有效应力恒为

p'_A 时排水加热，那么土体的应力状态将会从点 A 移动到 A' 的位置。该热应力路径始终在弹性区域内；因而，土体材料的响应是弹性的（图 1.2 中 OCR=6 或者 8 的情况）。考虑正常固结（点 B）或者弱超固结（点 C）的材料，将加热产生热应变的过程作为应力路径（B–B' 或者 C–C'），此时的应力点将会到达弹性区域的边

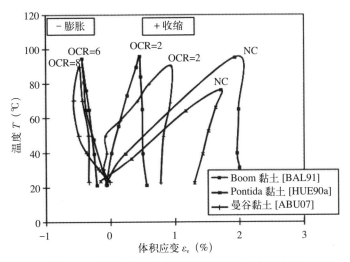

图 1.2　不同初始应力条件下几类黏土热变形性状

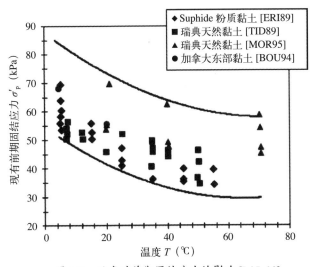

图 1.3　温度对前期固结应力的影响 [LAL 03]

界。对于正常固结土，材料最开始对温度增量的响应就是弹塑性的，因为材料的初始应力状态就在两个区域的边界上（图 1.2 中的 NC 情况）。对于弱超固结土，材料的初始响应是弹性的（在图 1.4 中到达 C″ 点），之后变为弹塑性（图 1.2 中 OCR=2 的情形）。现有前期固结应力或者弹性区域随温度的升高而减小的这种现象被认为是热软化；这与应变硬化行为，或者由于不可逆变形发展导致的弹性区域增加的现象是相反的。弹性区域增加的现象可以通过简单回顾前期固结应力的定义解释：如果正常固结材料（图 1.4 中的点 B）受力学荷载（应力路径是 B-B″），那么现有应力将会变成新的前期固结应力（历史上曾受到的最大应力）；前期固结应力从 p'_B 增加到 $p'_{B″}$，即对应着弹性区域增加。相同的现象在热荷载作用下也会发生，即引发塑性（图 1.4 中 C″-C′ 和 B-B′）的热路径也会导致弹性区域增加（在图 1.4 中从实线到虚线）。

当考虑各向异性应力状态时，在图 1.4 中的平面上增加一根轴线形成三维空间，弹性区域可以在该三维空间内表示。第三根轴线与偏应力 q 对应，q 定义为：

$$q=\sqrt{\frac{3}{2}}\sqrt{\mathrm{tr}(\mathbf{d}s)^2} \tag{1.6}$$

式中，tr 表示张量的迹，s 为偏应力张量。

热软化行为也可以在该空间内通过弹性区域的收缩表示（图 1.5）。偏应力状态下热软化现象表现为：在剪切作用下，超固结材料（具有特定的孔隙比）在高温下（应力路径 A′-A″），比在初始温度下（应力路径 A-A‴），到达弹性与弹塑性区域边界时的偏应力更小。

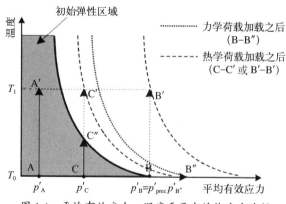

图 1.4 平均有效应力 - 温度平面内的热应力路径

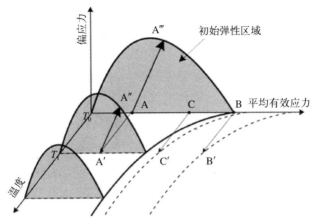

图 1.5 平均有效应力 - 偏应力 - 温度空间内的热应力路径

换言之，与在恒定的环境温度下相比，高温时超固结材料更早进入塑性状态。与之相反，对正常固结（NC）或者弱超固结（OC）土体材料，加热同时导致了热软化和应变硬化两种现象；部分试验结果如图 1.6 所示，详见参考文献 [HUE 09]。能源地下结构影响范围内，季节性循环热荷载作用下的土体响应与单调热荷载作用下的土体响应同样重要，值得关注。Campanella 和 Mitchell [CAM 68]，Hueckel 和 Baldi [HUE 98] 开展的研究结果表明，正常固结（NC）黏土经受第一次温度循环时就已经完成了大部分不可逆的体积变形，之后相同幅度和范围的温度循环只产生很小的不可逆变形增量，循环次数越多，不可逆变形增量越少，这种现象称为热适应现象。伊利石 [CAM 68] 和碳酸盐黏土 [HUE 98] 试验结果分别如图 1.7 （a）和图 1.7 （b）所示。基于同样的理论框架（图 1.4 和图 1.5），可以预见初始超固结比（OCR）对土体材料在经受一个或者多个热循环后的环境温度下的剪切强度具有一定影响。如果材料初始状态为超固结（OC）状态，那么一个加热 - 冷却循环作用 (图 1.4 中的应力路径 A-A'-A) 不会使材料产生任何塑性变形，循环后的弹性区域大小也不发生变化。因为孔隙比没有产生永久变化，所以温度循环并不影响剪切时的土体响应。反之，如果材料初始状态为正常固结（NC）或者弱超固结（OC）状态，那么当材料受到加热 - 冷却循环作用（图 1.4 中的 B-B'-B 或者 C-C'-C）就会产生塑性变形，并发生应变硬化现象。这种行为将会在材料到达超固结（OC）状态时 (在 T_0 的环境温度下) 终止,这个过程一般被称为热超固结。为了验证这种现象，Abuel-Naga 等 [ABU 06A] 对正常固结（NC）软土进行了一

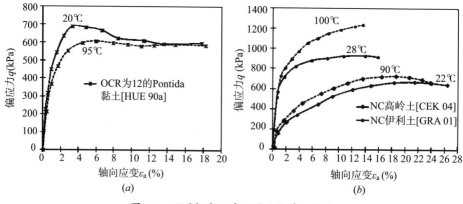

图 1.6 不同恒定温度下的土体剪切强度
（a）超固结土；（b）正常固结土

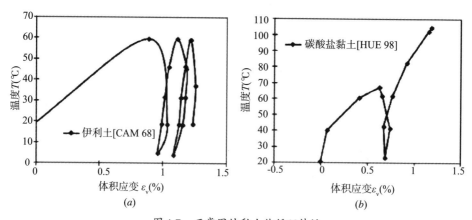

图 1.7 正常固结黏土热循环特性

系列的测试；描述温度循环对曼谷黏土单向压缩固结特性影响的试验结果如图 1.8（a）所示。在该试验中，对软土试样进行了初始温度为 22℃，竖向有效应力为 100kPa 的单向压缩固结试验（从点 1 到点 2）；然后，试样被加热到 90℃再冷却回到初始温度（从点 2 到点 3）；最终固结持续进行到竖向有效应力为 200kPa（从点 3 到点 5）。图中描绘的结果表明，热循环导致热超固结：当力学机制上的固结在热循环之后再次开始（点 3），需要更高的应力来再次实现塑化（从点 3 到点 4）；加热导致的固结也会引起剪切强度的增加。与图 1.2 中呈现的结果一致，热循环过程中土体体积减小（点 2 到点 3）。针对这种行为，Burghignoli 等 [BUR 00] 进

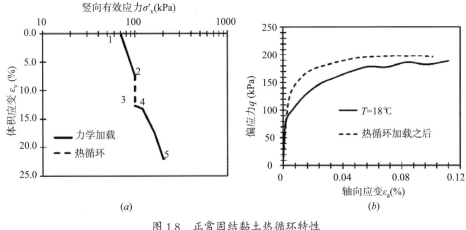

图 1.8　正常固结黏土热循环特性

(*a*) 曼谷黏土 [ABU 06]；(*b*) Tody 黏土 [BUR 00]

行了排水三轴试验，试验结果表明，如果一个正常固结（NC）的试样在排水条件下加热然后冷却，那么其不排水剪切强度比同样的试样在环境温度下的不排水剪切强度高（图 1.8*b*）。与此同时，举个例子，由于热固结引起的剪切强度的增加将会提高桩端阻力。

1.3　土体热本构模型

为了描述上述提到的特性和一些数值模拟结果，近 20 年来，相关研究人员陆续提出了一些考虑土体热力学行为的本构模型；Hong 等 [HON 13] 对这些模型的特征、描述土体行为的能力以及局限性进行了全面的概括。本节内容主要是针对 Laloui 等 [LAL 09] 提出的模型进行一些具体阐述。

基于临界状态理论，相关科研人员提出了一种改进的适用于环境岩土工程的考虑热 - 力耦合效应的本构模型（ACMEG-T），它属于剑桥模型一类。恒温情况下的研究基于 Hujeux [HUJ 79] 的工作；[LAL 93，MOD 97，LAL 08，LAL 09，DI 13] 在相关方面的改进研究使得模型可以在不等温情况下同样适用。根据弹塑性理论，总的应变增量的张量 $d\boldsymbol{\varepsilon}$ 可以分为弹性 $d\boldsymbol{\varepsilon}^e$ 和塑性 $d\boldsymbol{\varepsilon}^p$ 两部分：

$$d\boldsymbol{\varepsilon}=d\boldsymbol{\varepsilon}^e+d\boldsymbol{\varepsilon}^p \tag{1.7}$$

总的应变增量是由体积应变增量 $d\varepsilon_v$ 和偏应变增量 $d\varepsilon_d$ 组成：

$$d\boldsymbol{\varepsilon}=\frac{d\varepsilon_v}{3}\boldsymbol{I}+d\boldsymbol{e} \quad \text{其中} \quad d\varepsilon_v=\text{tr}(d\boldsymbol{\varepsilon}) , \quad d\varepsilon_d=\frac{\sqrt{6}}{3}\sqrt{\text{tr}\left(d\boldsymbol{e}\right)^2} \tag{1.8}$$

式中，$\boldsymbol{I}$ 表示统一的张量，$d\boldsymbol{e}$ 为偏应变增量张量。

引入太沙基有效应力方程，所以有：

$$\boldsymbol{\sigma}'=\boldsymbol{\sigma}-p_w\boldsymbol{I} \tag{1.9}$$

式中，$\boldsymbol{\sigma}'$ 和 $\boldsymbol{\sigma}$ 分别为有效应力张量和总应力张量；p_w 为孔隙水压力。

正如前面已经提到的式（1.5）和式（1.6），有效应力增量张量可以分为平均有效应力增量 dp' 和偏应力增量 dq：

$$d\boldsymbol{\sigma}'=dp'\boldsymbol{I}+d\boldsymbol{s} \tag{1.10}$$

式中，$d\boldsymbol{s}$ 为偏应力增量张量。

在弹性非等温区域，体积应变增量和偏应变增量分别为：

$$d\varepsilon_v^e=\frac{dp'}{K_s}-\beta_s'dT , \quad d\varepsilon_d^e=\frac{dq}{3G_s} \tag{1.11}$$

式中，K_s 为体积模量；β_s' 为体积热膨胀系数；T 为温度；G_s 为剪切模量。

非线性弹性响应可以通过如下公式获得：

$$K_s=K_{\text{ref}}\left(\frac{p'}{p'_{\text{ref}}}\right)^{n_e} , \quad G_s=G_{\text{ref}}\left(\frac{p'}{p'_{\text{ref}}}\right)^{n_e} \tag{1.12}$$

式中，K_{ref} 和 G_{ref} 分别为参考平均有效应力 p'_{ref} 对应的两个模量；n_e 为材料参数。

塑性响应通过两种耦合机制描述：一种是各向同性机制，一种是偏量机制。单一的各向同性加载只引起塑性体积应变，而纯粹的偏荷载不仅会引起塑性体积应变还会引起塑性偏应变。恒定孔隙比条件下 p'-q-T 空间内的两种屈服面如图 1.9（a）所示。两种屈服面都是与温度相关，当有热荷载作用导致应力点落在这两种屈服面上时，热塑性变形（收缩）将会发生。各向同性

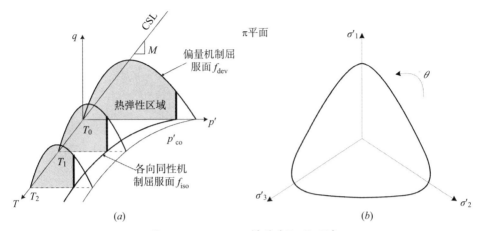

图 1.9　ACMEG-T 模型（$T_2 > T_1 > T_0$）

（a）各向同性和偏量屈服极限函数；（b）Van Eekelen 面和偏量平面内的应变应力路径

的屈服极限为：

$$f_{iso} = p' - p'_c r_{iso} = 0 \tag{1.13}$$

式中，r_{iso} 为各向同性机制的塑性调动程度（边界面理论 [DAF 80]）。

该屈服极限随着各向同性机制引起的塑性体积变形 $\varepsilon_v^{p,\,iso}$ 的发展而发展，有：

$$r_{iso} = r_{iso}^e + \frac{\varepsilon_v^{p,iso}}{c + \varepsilon_v^{p,iso}} \tag{1.14}$$

式中，r_{iso}^e 为塑性调动程度的初始值；c 为材料参数。

此模型中，前期固结应力对温度的依赖性（热软化）以及随着塑性体积变形的发展（应变硬化），可以表达为 [LAL 03]：

$$p'_c = p'_{c0} e^{\beta \varepsilon_v^p} \left[1 - \gamma_T \cdot \ln \left(\frac{T}{T_0} \right) \right] \tag{1.15}$$

式中，p'_{c0} 和 T_0 分别为初始的前期固结压力和初始的温度，β 为塑性指数，ε_v^p 为总的塑性体积应变，γ_T 为材料参数（定义了考虑温度的各向同性屈服函数的形状（图 1.9a 或者图 1.4 中的水平面）。

偏量屈服极限为：

$$f_{\text{dev}} = q - Mp'\left(1 - b \cdot \ln\left(\frac{d \cdot p'}{p'_{\text{c}}}\right)\right) r_{\text{dev}} = 0 \qquad (1.16)$$

式中，M 为 p'-q 平面内临界状态线（CSL）的斜率（图 1.9a）；b 和 d 为两种材料参数；r_{dev} 为偏量机制的塑性调动程度。

r_{dev} 与 r_{iso} 作用相类似，关系式如下：

$$r_{\text{dev}} = r_{\text{dev}}^{e} + \frac{\varepsilon_{\text{d}}^{\text{p}}}{a + \varepsilon_{\text{d}}^{\text{p}}} \qquad (1.17)$$

式中，a 为材料参数；r_{dev}^{e} 为塑性调动程度的初始值；$\varepsilon_{\text{d}}^{\text{p}}$ 为塑性偏应变。参数 d 表示前期固结压力 p'_{c} 和临界压力 p'_{cr} 的比值：

$$d = \frac{p'_{\text{c}}}{p'_{\text{cr}}} \qquad (1.18)$$

在 π 平面内表示应力路径方向影响的系数 M 取决于罗德角 θ（图 1.9b），其中，π 平面是垂直于空间直角坐标系对角线的平面 [POT 99]。模型采用了 Van Eekelen [VAN 80] 提出的公式，公式中 M 系数定义如下：

$$M = 3\sqrt{3} \cdot a_{\text{L}}(1 + b_{\text{L}} \cdot \sin(3\theta))^{n_{\text{L}}} \qquad (1.19)$$

式中，a_{L}、b_{L} 和 n_{L} 均为材料参数；a_{L} 和 b_{L} 取决于材料压缩和拉伸状态下的摩擦角 φ_{c} 和 φ_{e}，现分别定义 r_{c} 和 r_{e} 为：

$$r_{\text{c}} = \frac{1}{\sqrt{3}}\left(\frac{2 \cdot \sin\varphi_{\text{c}}}{3 - \sin\varphi_{\text{c}}}\right), \quad r_{\text{e}} = \frac{1}{\sqrt{3}}\left(\frac{2 \cdot \sin\varphi_{\text{e}}}{3 + \sin\varphi_{\text{e}}}\right) \qquad (1.20)$$

则参数 a_{L} 和 b_{L} 可以表达成：

$$b_{\text{L}} = \frac{\left(\dfrac{r_{\text{c}}}{r_{\text{e}}}\right)^{1/n_{\text{L}}} - 1}{\left(\dfrac{r_{\text{c}}}{r_{\text{e}}}\right)^{1/n_{\text{L}}} + 1}, \qquad a_{\text{L}} = \frac{r_{\text{c}}}{(1 + b_{\text{L}})^{n_{\text{L}}}}$$

且有，$a_{\text{L}} > 0$；$b_{\text{L}}n_{\text{L}} > 0$；$-1 < b_{\text{L}} < 1$ $\qquad (1.21)$

为了保证屈服面外凸，必须假定 n_L 的值 [BAR 98]，同时罗德角定义如下：

$$\sin(3\vartheta) = -\left(\frac{3\sqrt{3}}{2}\frac{III_s}{II_s^3}\right) \quad \text{且有} \quad II_s = \frac{1}{2}\boldsymbol{s}_{ij}\boldsymbol{s}_{ij}, \quad III_s = \frac{1}{3}\boldsymbol{s}_{ij}\boldsymbol{s}_{jk}\boldsymbol{s}_{ki} \quad (1.22)$$

式中，II_s 和 III_s 分别为偏应力张量的第二和第三不变量。

流动法则与各向同性的机制相关，与偏量机制无关，这就意味着对各向同性塑性势函数和偏量塑性势函数，分别记作 g_{iso} 和 g_{dev}；有 $g_{iso}=f_{iso}$，但是 $g_{dev} \neq f_{dev}$，详见参考文献 [NOV 79]：

$$g_{dev} = q - \frac{\alpha}{\alpha-1}Mp'\left[1 - \frac{1}{\alpha}\left(\frac{d \cdot p'}{p'_c}\right)^{\alpha-1}\right] = 0 \quad (1.23)$$

式中，α 为表示膨胀规律的参数：

$$\frac{\mathrm{d}\varepsilon_v^p}{\mathrm{d}\varepsilon_d^p} = \alpha\left(M - \frac{q}{p'}\right) \quad (1.24)$$

塑性体积应变和塑性偏应变的流动法则如下：

$$\mathrm{d}\varepsilon_v^p = \lambda_{iso}^p\frac{\partial g_{iso}}{\partial p'} + \lambda_{dev}^p\frac{\partial g_{dev}}{\partial p'} \quad (1.25)$$

$$\mathrm{d}\varepsilon_d^p = \lambda_{dev}^p\frac{\partial g_{dev}}{\partial q} \quad (1.26)$$

式中，λ_{iso}^p 和 λ_{dev}^p 分别为各向同性和偏量机制的塑性乘数。这些乘数可以通过相容方程开始计算：

$$\mathrm{d}\boldsymbol{f} = \frac{\partial \boldsymbol{f}}{\partial \boldsymbol{\sigma}'}:\mathrm{d}\boldsymbol{\sigma}' + \frac{\partial \boldsymbol{f}}{\partial T}\,\mathrm{d}T + \frac{\partial \boldsymbol{f}}{\partial \boldsymbol{\varepsilon}^p}:\mathrm{d}\boldsymbol{\varepsilon}^p \quad (1.27)$$

式中，$\boldsymbol{f}$ 为包含屈服面 f_{iso} 和 f_{dev} 的矢量。

方程（1.27）右边第二项代表热塑性应变。热循环过程会改变各向同性屈服机制的塑化程度；当温度循环到一定次数之后，除非提高之前循环过程中的最高温度否则土体将不再产生热塑性应变；该模型可以描述土体受热循环作用时的热适应现象（图1.7）。

Laloui 等 [LAL 09] 对 ACMEG-T 模型进行了验证，数值模拟结果表明，基于该模型的数值模拟能够比较精确地描述不同热应力路径下的试验结果。本节目的是解释模型在热力学加载条件下的土体热力学响应，这种响应与能量桩影响下桩周土体的响应类似。分析主要集中在如下两方面：(1) 升温降温循环中的土体体积变化，这与基础中热引发的位移，以及桩－土接触面上热对土体应力状态的影响相关联；(2) 不同温度下的剪切强度，这与桩端响应相关。利用 ACMEG-T 模型对三个示例进行模拟研究，验证关于 Boom 黏土 [BAL 91] 和曼谷黏土 [ABU 06] 的三个试验结果。这两种材料的 ACMEG-T 模型参数见表 1.2，且这些材料参数预先与文献中试验数据进行了校验（详细校验过程见参考文献 [LAL 09]）。模拟的第一个示例：通过在恒定围压下对 Boom 黏土施

Boom 黏土和曼谷黏土的 ACMEG-T 参数				表 1.2
等温的弹性参数			Boom	曼谷
p'_{ref}=1MPa 时的体积模量	K_{ref}	[MPa]	130	42
p'_{ref}=1MPa 时的剪切模量	G_{ref}	[MPa]	130	15
弹性指数	n_e	[−]	0.4	1
热弹性参数				
热膨胀系数	β'_s	[℃$^{-1}$]	4×10^{-5}	2×10^{-4}
等温的塑性参数				
材料参数	a	[−]	0.007	0.02
	b	[−]	0.6	0.2
	c	[−]	0.012	0.04
	d	[−]	1.3	1.6
压缩时的摩擦角	φ'_c	[°]	16	22.66
拉伸时的摩擦角	φ'_e	[°]	16	22.66
罗德参数	n_L	[−]	−0.229	−0.229
剪胀参数	α	[−]	1	2
塑性指数	β	[−]	18	5.49
初始各向同性塑性半径	r^e_{iso}	[−]	0.001	0.15
初始偏量塑性半径	r^e_{dev}	[−]	0.3	0.1
热塑性参数				
f_{iso} 随温度的变化	γ_T	[−]	0.2	0.22

加一个排水的 20~95℃的升温降温循环，进行三种情况的试验（一种 NC，两种 OC）。对正常固结（NC）黏土施加 6MPa 围压；对两种超固结（OC）黏土，首先使试样在 6MPa 围压下固结，然后分别卸载至 3MPa（OCR=2）和 1MPa（OCR=6）。用 ACMEG-T 模型对相同的热应力路径进行数值模拟，模拟结果如图 1.10（a）所示；分析表明，模型产生热弹性或热塑性变形的能力取决于材料的初始超固结比（OCR）。第二个示例：与黏土的热体积变化相关，试验对象为曼谷黏土，从 70~100kPa 的初始固结开始，然后在排水条件下施加一个热循环（22℃—90℃—22℃），连续固结至 200kPa。试验结果和数值模拟结果分别如图 1.8（a）和图 1.10（b）所示；数值模拟结果与试验数据相符合，充分验证了模型模拟本章讨论的热固结现象的能力。第三个示例：针对 Abuel-Naga 等 [ABU 06] 开展的关于正常固结（NC）曼谷黏土的试验数据进行数值模拟，进一步验证该模型在模拟不同温度三轴条件下土体响应的能力。试验中土体在 300kPa 的各向同性平均有效应力下固结，然后在轴向应变最大为 30% 的条件下剪切；数值模拟与试验数据的偏应力和体积变形的对比分别如图 1.11（a）和图 1.11（b）所示。

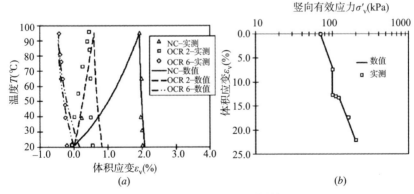

图 1.10 ACMEG-T 数值模拟

（a）Boom 黏土的热变形 [BAL 91]；（b）曼谷黏土的热固结 [ABU 06]

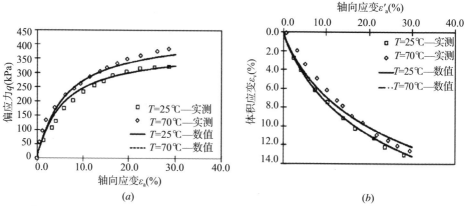

图 1.11　ACMEG-T 数值模拟：不同温度下曼谷黏土固结排水三轴试验 [ABU 06]

致谢

本章研究成果受瑞士联邦能源署项目资助（编号：154.426），本章作者对此表示感谢。

参考文献

[ABU 06] ABUEL-NAGA H.M., BERGADO D.T., RAMANA G.V., *et al.*, "Experimental evaluation of engineering behaviour of soft Bangkok clay under elevated temperature", *Journal of Geotechnical and Geoenvironmental Engineering*, vol. 132, no. 7, 2006.

[ABU 07] ABUEL-NAGA D.T., BERGADO A., BOUAZZ A., "Thermally induced volume change and excess pore water pressure of soft Bangkok clay", *Engineering Geology*, vol. 89, pp. 144–154, 2007.

[BAL 88] BALDI G., HUECKEL T., PELLEGRINI R., "Thermal volume changes of mineral water system in low porosity clay soils", *Canadian Geotechnical Journal*, vol. 25, pp. 807–825, 1998.

[BAL 91] BALDI G., HUECKEL T., PEANO A., *et al.*, *Developments in Modelling of Thermo-Hydro-Mechanical Behaviour of Boom Clay and Clay-Based Buffer Materials (vols. 1 and 2)*, EUR 13365/1 and 13365/2, Luxembourg, 1991.

[BAR 98] BARNICHON J.D., Finite element modelling in structural and petroleum geology, Doctoral Thesis, Faculty of Applied Sciences, University of Liege, 1998.

[BOU 94] BOUDALI M., LEROUEIL S., SRINIVAS A., *et al.*, "Viscous behaviour of natural clays", *Proceedings of the 13th International Conference on Soil Mechanics and Foundation Engineering*, vol. 1, New Delhi, India, pp. 411–416, 1994.

[BUR 00] Burghignoli A., Desideri A., Milizaino S., "A laboratory study on the thermo mechanical behaviour of clayey soils", *Canadian Geotechnical Journal*, vol. 37, pp. 764–780, 2000.

[BSI 95] BSI (British Standards Institution), *Eurocode 7: Geotechnical Design*, London, 1995.

[CAM 68] Campanella R.G., Mitchell J.K., "Influence of the temperature variations on soil behaviour", *Journal of the Soil Mechanics and Foundation Engineering Division*, vol. 94, no. SM3, pp. 709–734, 1968.

[CEK 04] Cekerevac C., Laloui L., "Experimental study of thermal effects on the mechanical behaviour of a clay", *International Journal of Numerical and Analytical Method in Geomechanics*, vol. 28, no. 3, pp. 209–228, 2004.

[DAF 80] Dafalias Y., Herrmann L., "A bounding surface soil plasticity model", *International Symposium on Soils Under Cyclic and Transient Loading*, Swansea, pp. 335–345, 1980.

[DEM 82] Demars K.R., Charles R.D., "Soil volume changes induced by temperature cycling", *Canadian Geotechnical Testing Journal*, vol. 19, pp. 188–194, 1982.

[DES 88] Desideri A.,"Determinazione sperimentale dei coefficienti di dilatazione termica delle argille", *Proceedings Convengo del Gruppo Nazionale di Coordinamento per gli Studi di Ingegneria Geotecnica*, vol. 1, *sul tema: Deformazioni dei terreni ed interazione terreno-struttura in condizioni di esercizio*, Monselice, Italy, pp. 193–206, 5–6 October 1988.

[DI 13] Di Donna A., Dupray F., Laloui L. "Numerical study of the effects induced by thermal cyclic soil plasticity on the geotechnical design of energy piles", *Computers and Geotechnics*, 2013, in press.

[DIX 93] Dixon D., Gray M., Lingnanu B., *et al.*, "Thermal expansion testing to determine the influence of pore water structure on water flow through dense clays", *46th Canadian Geotechnical Conference*, Saskatoon, pp. 177–184, 1993.

[ERI 89] Eriksson L.G., "Temperature effects on consolidation properties of sulphide clays", *12th International Conference on Soil Mechanics and Foundation Engineering*, vol. 3, Rio de Janeiro, pp. 2087–2090, 1989.

[FRA 08] Francois B., Laloui L., "ACMEG-TS: a constitutive model for unsaturated soils under non-isothermal conditions", *International Journal of Numerical and Analytical Methods in Geomechanics*, vol. 32, pp. 1955–1988, 2008.

[HON 13] Hong P.Y., Pereira J.M., Tang A.M., *et al.*, "On some advanced thermo-mechanical models for saturated clays", *International Journal for Numerical and Analytical Methods in Geomechanics*, 2013. DOI: 10.1002/nag.2170.

[HUE 90] Hueckel T., Baldi G., "Thermo plasticity of saturated clays: experimental constitutive study", *Journal of Geotechnical Engineering*, vol. 116, pp. 1778–1796, 1990.

[HUE 92] Hueckel T., "On effective stress concepts and deformation in clays subjected to environmental loads: discussion", *Canadian Geotechnical Journal*, vol. 29, pp. 1120–1125, 1992.

[HUE 98] HUECKEL T., PELLEGRINI R., DEL OLMO C., "A constitutive study of thermo-elasto-plasticity of deep carbonatic clays", *International Journal of Numerical and Analytical Methods in Geomechanics*, vol. 22, pp. 549–574, 1998.

[HUE 09] HUECKEL T., FRANCOIS B., LALOUI L., "Explaining thermal failure in saturated clays", *Géotechnique*, vol. 59, no. 3, pp. 197–212, 2009.

[HUJ 79] HUJEUX J.C., Calcul numérique de problèmes de consolidation élastoplastique, Doctoral Thesis, Ecole Centrale, Paris, 1979.

[LAL 93] LALOUI L., Modélisation du comportement thermo-hydro-mécanique des milieux poreux anélastique, Doctoral Thesis, Ecole Centrale de Paris, 1993.

[LAL 03] LALOUI L., CEKEREVAC C., "Thermo-plasticity of clays: an isotropic yield mechanism", *Computers and Geotechnics*, vol. 30, no. 8, pp. 649–660, 2003.

[LAL 08] LALOUI L., CEKEREVAC C., "Non-isothermal plasticity model for cyclic behaviour of soils", *International Journal for Numerical and Analytical Methods in Geomechanics*, vol. 32, no. 5, pp. 437–460, 2008.

[LAL 09] LALOUI L., FRANÇOIS B., "ACMEG-T: soil thermoplasticity model", *Journal of Engineering Mechanics*, vol. 135, no. 9, pp. 932–944, 2009.

[LAN 99] LANCELLOTTA R., CALAVERA J., *Fondazioni*, McGraw-Hill, 1999.

[MCK 65] MCKINSTRY H.A., "Thermal expansion of clay materials", *American Mineralogist*, vol. 50, pp. 210–222, 1965.

[MIL 92] MILIZIANO S., Influenza della temperatura sul comportamento meccanico delle terre coesive, Doctoral Thesis, University of Rome "La Sapienza", Italy, 1992.

[MOD 97] MODARESSI H., LALOUI L., "A thermo-viscoplastic constitutive model for clays", *International Journal for Numerical and Analytical Methods in Geomechanics*, vol. 21, no. 5, pp. 313–315, 1997.

[MOR 95] MORITZ L., Geotechnical properties of clay at elevated temperatures, Report: 47, Swedish Geotechnical Institute, Linköping, 1995.

[NOV 79] NOVA R., WOOD D.M., "Constitutive model for sand in triaxial compression", *International Journal for Numerical and Analytical Methods in Geomechanics*, vol. 3, no. 3, pp. 255–278, 1979.

[PLU 69] PLUM R.L., ESRIG M.I., Some temperature effects on soil compressibility and pore water pressure. Effect of temperature and heat on engineering behaviour of soils, Highway research board special report, vol. 103, pp. 231–242, 1969.

[POT 99] POTTS D.M., ZDRAVKOVIĆ L., *Finite Element Analysis in Geotechnical Engineering: Theory*, Thomas Telford Limited, 1999.

[TID 89] TIDFORS M., SÄLLFORS S., "Temperature effect on preconsolidation pressure", *Geotechnical Testing Journal*, vol. 12, no. 1, pp. 93–97, 1989.

[TOW 93] TOWHATA I., KUNTIWATTANAUL P., SEKO I., *et al.*, "Volume change of clays induced by heating as observed in consolidation tests", *Soil and Foundations*, vol. 33, pp. 170–183, 1993.

[VAN 80] VAN EEKELEN H.A.M., "Isotropic yield surfaces in three dimensions for use in soil mechanics", *International Journal for Numerical and Analytical Methods in Geomechanics*, vol. 4, no. 1, pp. 89–101, 1980.

第2章
能量桩足尺现场试验

Thomas MINOUNI & Lyesse LALOUI

本章首先介绍了运用传统传感器和数值处理设备，开展现场测量桩基和土体的应力、应变及温度变化规律的步骤；然后，结合位于瑞士洛桑联邦理工学院（EPFL）校园内的两个工程现场场地，分别开展了单桩（第一个场地）和群桩（第二个场地）能量桩热响应特性的足尺现场试验。

2.1 能量桩热响应测试

2.1.1 桩身应变与桩身温度测试

现场实际测量桩身应变量时，采用光纤和钢筋应变计两种传感器。钢筋应变计量测时只需要一台较为简单轻便的读数装置，便可以获得比较可靠的应变和温度方面的数据结果；而与钢筋应变计相比，光纤传感器测量获得的数据结果则相对更加精确，同时也需要相对更加复杂的数据后处理设备（例如一台较大的专用读数装置及电脑等）。

位于瑞士洛桑联邦理工学院的现场能量桩试验中，所采用的桩身应变测量系统如下：

（1）采用 SMARTEC™/ROCTEST™ 公司生产的 SOFO 光纤系统；埋设两条光纤：一条为测量光纤、一条为基准参考光纤，根据两者输出参数的对比，可以获得桩身应变值。基准参考光纤足够长故不处于张拉状态，该光纤上产生的应变值全部由温度变化引起，因此利用 SOFO 光纤系统可以直接获得桩身实际应变值而无须另外进行数据后处理。其中，系统在温度变化下的自动校正详见参考文献 [GLI 00、LLO 00、INA 00]。

（2）振弦式应变仪：在第一个试验场地和第二个场地，采用的应变片分别为 TELEMAC™ 公司生产的 C 110 型号和 ROCTEST™ 公司生产的 EM-5 型号。由于测量在非恒温环境中进行，应变片测得的变形不仅来源于荷载，而且来源于温度变化。因此，在应变计上设置一个 3000Ω 的热敏电阻用于温度校正；在数据后处理时，需要扣除温度引起的振动频率部分。

这两种传感器均沿着桩身轴线方向布置在钢筋笼侧壁上。光纤首先安装在锚固物上，然后绑扎在钢筋笼主筋或箍筋上（图 2.1），并预先给光纤施加一个初始张力，以防桩体压缩时光纤随之产生松动。应变计预先固定在一个钢筋架上，然后将固定有应变计的钢筋架绑扎在钢筋笼上，节省现场绑扎固定传感器所耗费的时间且提高传感器绑扎的可靠性（图 2.2）。

基于振弦理论（弦的振动方程）进行数据处理；根据弦的真实振动频率与参考值之间的差值，确定应变量。弦在拉力作用下振动频率 F 为：

$$F = \frac{1}{2L}\sqrt{\frac{T}{\mu}} \tag{2.1}$$

式中，L 为弦长（m）；T 为弦的拉力（N）；μ 为弦线密度（kg/m）；拉力可由应变 ε、杨氏模量 E_w 和横截面面积 A 获得：

$$T = AE_w\varepsilon \tag{2.2}$$

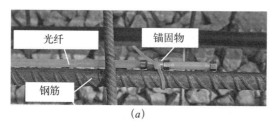

(a)

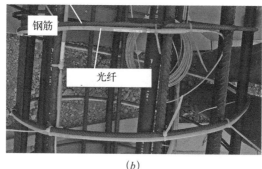

(b)

图 2.1　钢筋笼上绑扎的光纤布置实物图
(a) 轴向；(b) 环向

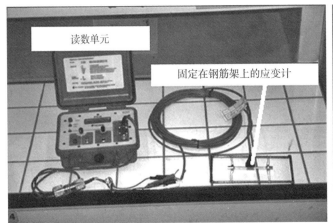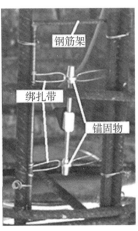

图 2.2 应变传感器固定及与测读仪器连接实物图（左）、
应变传感器在钢筋笼上布置图（右）

由式（2.1）和（2.2）可知，应变直接与振动频率的平方呈线性关系：

$$\varepsilon = \frac{K}{1000}F^2 \tag{2.3}$$

式中，K 为与仪器特性相关的常数，由传感器供应商提供。

由于试验在非等温环境中进行的，因此必须考虑弦的热膨胀、收缩。基于弦的热膨胀系数 α_w^T 为 $11.5\mu\varepsilon/℃$，通过简单的热应变叠加，可以得到应变值的计算方法：

$$\Delta\varepsilon_{obs} = \frac{K}{1000}(F_1^2 - F_0^2) + \alpha_w^T(T_1 - T_0) \tag{2.4}$$

式中，F_1 和 F_0 分别为真实和参考频率；T_1 和 T_0 分别为真实和参考温度。

任何弦上温度的升高都会引起膨胀以及拉力的逐渐减小。因此，观测到的拉力要比桩体只承受同样的力学荷载时产生的拉力要小，实测拉力可以由下式表示：

$$\Delta T_{obs} = \Delta T_{mech} + \Delta T_{th} \tag{2.5}$$

式中，ΔT_{mech}、ΔT_{th} 分别为弦受到的力致拉力、热致拉力的变化量；ΔT_{obs} 为与频率测量变化量相关的拉力测量变化量，ΔT_{obs} 由公式（2.3）中的应变乘以杨氏模量及横截面积得到，而由于弦的热膨胀导致的热致拉力减小量可表达为：

$$\Delta T_{th}=-AE\alpha_w^T(T_1-T_0) \tag{2.6}$$

将式（2.6）带入式（2.5），可得：

$$\Delta T_{mech}=AE\frac{K}{1000}(F_1^2-F_0^2)+AE\alpha_w^T(T_1-T_0) \tag{2.7}$$

式（2.7）除以杨氏模量及弦横截面积即为式（2.4）。

本章试验中采用的振弦式读数仪为 ROCTEST™ 公司生产的 MB-3TL 型号振弦式读数仪，其精度为 ±0.5%FS；本章试验所采用的光纤精度为 0.2%FS。因此，应变计读数造成的频率和温度不确定性分别为 ±0.5Hz 和 ±0.05℃。应变测量的误差 δ_ε 可以写成：

$$\delta_\varepsilon=\frac{K}{1000}(2F\delta F+\delta F^2)+\alpha_w^T\delta T \tag{2.8}$$

当 EM-5（K~5）应变片最大频率为 1200Hz 时，对应的误差为 1με。

2.1.2   桩端阻力测试

在 EPFL 的第一、第二个场地，桩端阻力测试元器件分别选用 SMARTEC™ 公司生产的 HVC 型压力传感器和 ROCTEST™ 公司生产的 TPC 压力传感器。将压力传感器与 3000Ω 温度校准热敏电阻和振弦式频率仪连接进行读数。压力传感器绑扎连接在钢筋笼底部的交叉钢筋上，如图 2.3 所示。浇筑混凝土过程中，混凝土收缩会降低压力传感器与混凝土材料之间的粘结性；因此，当混凝土收缩变形相对较明显时，利用增压管在桩身轴线方向给压力传感器施加荷载；且在下放钢筋笼之前，在钻孔底部先浇筑部分混凝土，然后下放固定有压力传感器的钢筋笼至新浇筑的混凝土中，这样可以在一定程度上解决压力传感器与混凝土材料之间的粘结性问题。试验实测结果表明，考虑这两种方法的情况下，1 号、3 号和 4 号桩的压力传感器埋设成功；但是，2 号桩的桩端压力传感器在测试阶段无读数，这可能是由于钻孔深度比设计深度深、为保持钢筋笼上部与设计位置齐平导致钢筋笼底端与钻孔底部存在间隙造成的。

2.1.3   桩周土体特性测试

在第二个试验场地中，针对能量桩群桩引起的桩周土体热响应特性开展了如下几方面的测试：孔隙水压力、土体位移以及土体温度。

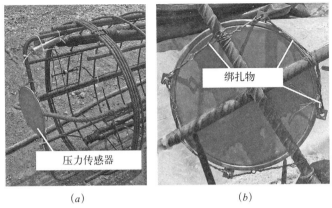

(a)　　　　　　　　　(b)

图 2.3　压力传感器在钢筋笼底部布置实物图（第二个试验场地）

　　土体分层沉降测试元器件采用ROCTEST™公司生产的BOR-EX型号应变计；首先将应变计分别绑扎在钢筋笼的三个不同深度处（-15m，-12m 和 -5m），接着利用钻机在土体中形成直径 160mm 的钻孔，然后在钻孔里下放绑扎有应变计的钢筋笼，应变计的基准点位置设置在桩体混凝土承台上，最后在钻孔内回填混合比为 80/20 的水泥-膨润土的混合物 [MIK 02]。利用振弦式频率仪，通过伸出地面的导线测定相应位置的位移量（图 2.4）。

　　孔隙水压力计安装在两个直径为160mm 的钻孔中；利用钻机钻孔至设计深度，然后在钻孔内插入 PVC 滤管进行钻孔护壁，接着在 PVC 滤管中的设计位置安装

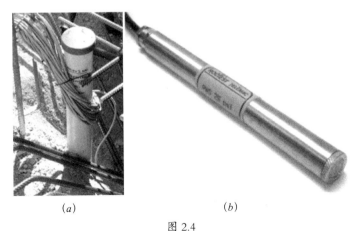

(a)　　　　　　　　　(b)

图 2.4

(a) 埋在桩筏基础中的传感器读数头；(b) ROCTEST™ 生产的 PWS 传感器（第二个试验场地）

孔隙水压力计，孔隙水压力计周围用清水砂填充，最后用膨润土回填钻孔密封。两个孔隙水压力计的埋设深度分别为地表以下 17m 和 8.5m 左右。将孔隙水压力计与 3000 Ω 温度校准热敏电阻和振弦式频率仪连接进行读数。两个孔隙水压力计之间布置热敏电阻（ROCTEST 公司生产的 TH-T 型号）测定土体温度分布规律。

2.2　足尺现场试验概况

2.2.1　单桩现场试验

测试桩为一栋四层建筑物（EPFL 的 BP 楼）支撑桩基础中的一根。这根测试桩位于该 100m 长、30m 宽的建筑物边角；桩直径为 0.88m、桩长为 25.8m。桩基穿越的土层分布情况为：两层冲积土层（分别位于 0 至 −5.5m 深度处，和 −5.5m 至 −12m 深度处）；两层含砂砾石冰碛土层（分别位于 −12m 至 −22m 深度处，和 −22m 至 −25m 深度处）；桩端位于泥灰质砂岩层，该层为 −22m 深度以下；具体如图 2.5 所示。该桩属于半悬浮摩擦型桩，桩侧摩擦力由上四层土体提供、桩端阻力由泥灰质砂岩层提供。

测试桩施工工艺为全套管钻孔灌注桩，先在土体中沉入套管至持力层，然后利用螺旋钻机开挖套管内的土体至设计深度、并用铲钻实现环形桩槽施工；接着

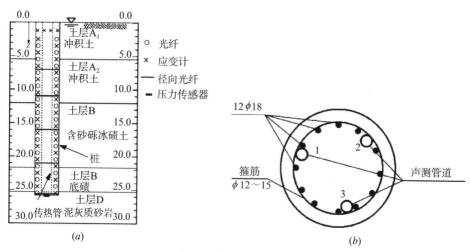

图 2.5　第一个试验场地
（a）地层分布；（b）能量桩横截面 [LAL 03]

下放钢筋笼，并通过注浆管在钻孔内灌注混凝土，同时拔出套管，并确保混凝土填筑高度大于套管底端高度。

钢筋笼由 12 根直径为 18mm 的竖向主筋及直径为 15mm、间隔 15cm 布置的环向箍筋构成。钢筋笼上安装三根竖向管用于桩身完整性测试（PIT）和超声波验桩，具体如图 2.5 所示。桩身完整性测试结果表明，地表以下 -20m 深度左右桩径存在扩径现象（图 2.6）。基于 [STR 91] 中给出的方法计算桩的声速 C，假定泊松比分别为 0 和 0.16，从而可以通过超声波验桩法获得桩身的杨氏模量 E_c。

$$C = \sqrt{\frac{E_c(1-v)}{\rho_c(1+v)(1-2v)}} \tag{2.9}$$

式中，ρ_c 和 v 分别为混凝土的密度（$\rho_c \sim 2500\text{kg/m}^3$）及泊松比。

三根竖向管允许三种不同的声速分布（管 1 → 2，管 1 → 3 及管 2 → 3），由此还可以测量获得混凝土强度。不同日期及温度条件下测量工况见表 2.1。桩体的线弹性模量 E_p，可由下式计算得到：

$$E_p = E_C \left[1 + \varphi \frac{E_R}{E_C} \right] \tag{2.10}$$

式中，E_R 为钢筋笼中钢筋的弹性模量；φ 为钢筋的置换率。后续研究中取 $E_p = 29200\text{MPa}$。

测试桩中埋管形式为 4 根 U 形换热管，换热管材料为聚乙烯（HDPE）材料，换热管通过加热器和循环水泵，与位于桩顶的集水槽并联连接，构成能量桩热加载系统。

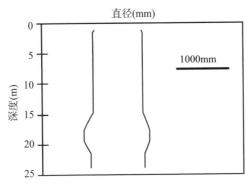

图 2.6　能量桩 PIT 测试结果 [LAL 99]

声波测试结果 [LAL 03]　　　　　　　　　　表 2.1

日期（年–月–日）	桩平均温度（℃）	E_c（MPa）（ν=0）	E_c（MPa）（ν=0.16）
1998–02–24	23	28608	26357
1998–05–25	35	27206	25547
1998–06–03	24	31097	29201
1999–05–25	19	31948	30000

2.2.2　群桩现场试验

在第二个试验场地，四根测试桩群桩布置在建筑物西南角 4.21m×4.21m 的正方形里，群桩顶部设置 0.9m 厚的钢筋混凝土筏板，上部荷载通过 9m×25m 的集水槽施加；1 号桩距其他桩的桩间距为 3m，2 号桩与 3 号桩及 4 号桩之间的桩间距为 4.21m，具体如图 2.7 所示。

桩身混凝土抗压强度与临界应力，根据圆柱形混凝土试样（尺寸：直径 16mm、高 32mm）室内抗压强度试验测得，其测试结果见表 2.2；试样取自 1 号桩，2 号桩和 3 号桩（每根桩取两个）。

测试桩施工工艺为全套管钻孔灌注桩，先在土体中沉入套管至持力层，然后利用螺旋钻机开挖套管内的土体至设计深度、并用铲钻实现环形桩槽施工；接着下放钢筋笼，并通过注浆管在钻孔内灌注混凝土，同时拔出套管，并确保混凝土填筑高度大于套管底端高度。其中，钻孔孔径为 0.9m、钻孔深度为 28m；钢筋笼

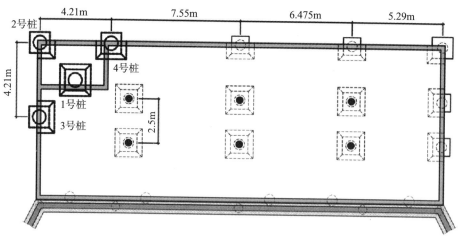

图 2.7　试验集水箱及群桩试验布置示意图

直径为 0.76m，由 10 根直径为 18mm 的竖向主筋及直径为 9mm、竖向间隔 0.2m 布置的环向箍筋构成。

　　换热管用塑料扎带绑扎在钢筋笼的内表面，换热管布置形式为单根桩内四个串联 U 形管；为了防止换热管与群桩筏板上部的集水槽产生热交换，换热管顶部距离桩顶 4m、桩顶以下 4m 范围内循环入水和出水换热管采用绝热材料。

混凝土试样压缩试验结果（1号、2号、3号桩各取两个试样）　　表 2.2

试样	1a	1b	2a	2b	3a	3b
E（MPa）	28000	27100	26000	21100	23300	32400
σ_c（MPa）	41.0	40.5	44.7	30.3	57.9	55.2
ρ（kg/m³）	2440	2460	2450	2460	2450	2450

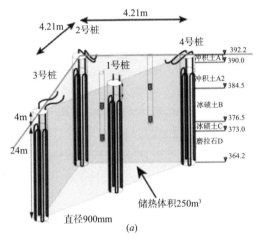

(a)

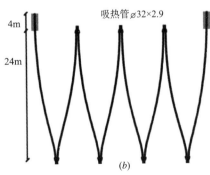

(b)

图 2.8
（a）群桩试验地层分布；（b）换热管分布形式

2.2.3 试验步骤

2.2.3.1 力学荷载

单桩现场试验是在 EPFL 的 BP 建筑下（第一个试验场地）进行的，为了研究上部荷载等级对能量桩承载特性的影响，现场试验随着建筑物施工过程进行。因此，进行 7 个独立的试验分别对应建筑七层的施工过程（图 2.9）。

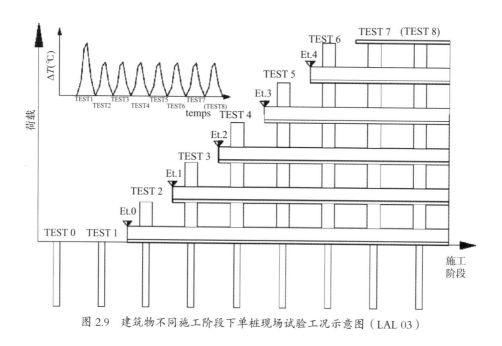

图 2.9 建筑物不同施工阶段下单桩现场试验工况示意图（LAL 03）

群桩现场试验在第二个试验场地进行，桩顶力学荷载仅由顶部的集水槽提供，且荷载等级保持不变；单根桩体承受荷载情况如下：1 号桩顶无荷载；2 号桩顶荷载为 800kN；3 号桩顶和 4 号桩顶荷载均为 2100kN。测试方法包括如下两种：(1) 单独针对四根桩中的一根施加热循环荷载然后计算自由度的分布（类似于在场地一的试验）；(2) 给试桩施加热循环荷载之前先对其他 3 根能量桩施加热循环荷载。第二种试验用以研究出现在筏板或支撑建筑桩头的群桩的相互作用。通过桩 - 筏基础中部分桩基受热循环荷载作用，从而有效观测在该相互作用下筏板及桩基的差异沉降和内部应力问题 [DUP 13]。

2.2.3.2　热学荷载

试桩热响应测试（TRTs）系统由迷你换热装置控制，其实物图和线路及传感器布置示意图如图 2.10 所示。迷你换热装置可提供的功率区间为 0~9kW，且每级调控为 1kW；装置运行需要电流为 16A 或者 32A、电压为 380V。该装置由两个加热器、一根管道、两台泵机、电子变压器、电子显示器和一个集成箱组成。其中，一台泵机用于向换热管中灌送液体及提供压力实现循环，另一台泵机用于循环传热液体 [MAT 08]。电子变压器主要用于给电子显示器及数据记录仪提供 220V/10A 的电力，或者供给外接电脑和灯泡用电。

能量桩的热响应测试（TRTs）步骤与传统地源热泵的热响应测试步骤一致；将换热装置与桩埋管形式的换热管连通形成环路，加压输入换热液体并排净换热管内空气；当换热液体流速达到 25L/min 时，运行加热器开始热循环加载；当需要施加降温荷载时，关掉加热器并保持换热管水流不变，可以达到降低桩体温度的目的。其他试验中关于通过热泵连接到测试桩体上实现主动降温的方法见参考文献 [BOU 09]。

换热装置的入口与出口处均安装压力传感器及热敏电阻，且所有的传感器都与数据记录仪连接；使用一台能量计数器监测试验过程中模块电量的消耗。桩体

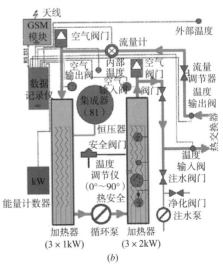

(a)　　　　　　　　　　　　(b)

图 2.10　迷你换热装置

(a) 实物图；(b) 线路及传感器布置示意图 [MAT 08]

的吸收热功率 P_{abs}（W）可以由下式计算获得：

$$P_{abs}=Q\rho_{w}c_{w}(T_{in}-T_{out})\qquad(2.11)$$

式中，Q 为传热液体的流速（m³/s）；ρ_{w} 和 c_{w} 分别为传热液体的体积密度（kg/m³）和比热（J/kg/K）；$T_{in}-T_{out}$ 为桩入口及出口的温差（K）。

相同功率条件下，当群桩试验中换热管测试温度仅上升 +3℃或 +5℃时，单桩试验中测试换热时温度变化最大值可达到 +20℃。

2.3 能量桩热力学特性

2.3.1 分析方法

试桩的热力学特性可以由自由度 n 定量分析；自由度 n 定义为在热荷载下桩的伸长或收缩能力与其自由应变之间的比值，见下式：

$$n=\frac{\Delta\varepsilon_{obs}}{\Delta\varepsilon_{free}}\qquad(2.12)$$

式中，$\Delta\varepsilon_{obs}$ 为测量应变，式（2.7）中已给出；$\Delta\varepsilon_{free}$ 为自由应变，可由下式计算：

$$\Delta\varepsilon_{free}=\alpha_{C}^{T}\Delta T\qquad(2.13)$$

式中，α_{C}^{T} 为混凝土的热膨胀系数，其数值为 $10^{-5}℃^{-1}$；一部分自由应变可以有效观测到，另一部分转化为内部热应力 σ_{th}，计算见下式（负号代表压力）：

$$\sigma_{th}=-E_{C}(1-n)\alpha_{C}^{T}\Delta T\qquad(2.14)$$

事实上，$n\alpha_{C}^{T}$ 的值是通过对每个应变片（布置在不同深度）的应变 – 温度曲线进行线性回归分析得到（图 2.11）。

2.3.2 单桩热力学响应特性

试验 7（图 2.9）期间，单根试桩的桩体温度随时间和桩深的变化规律如图 2.12 所示。加热期间，桩身温度分布相对较为均匀；而自然降温过程中这种分布发生较大变化，呈现出桩身中部温度高于两端的情况。当降温阶段完全结束，桩身温度初始分布与最终分布相一致。由此说明，温度变化引起的桩体压缩变形是渐进

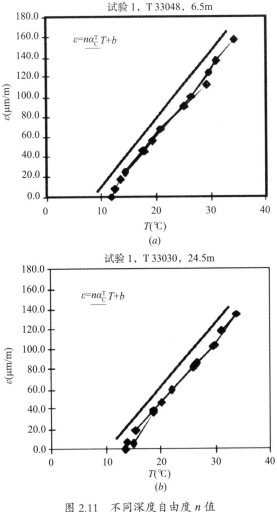

图 2.11　不同深度自由度 n 值
(a) 6.5m；(b) 24.5m[LAL 03]

的且最先发生于桩端位置。

　　实测结果表明，能量桩约束情况改变最大是发生在第一层建筑施工完成时，而当建筑物整体 7 层施工完成时，桩体的自由度达到 0.5 左右。由图 2.13 可见，桩端约束比桩侧约束相对更为明显。这种现象在能量桩 Thermo-Pile 设计软件计算 [KNE 11] 和有限元分析方法 [DUP 13] 中可以得到有效验证。应变计的测量分析显示，桩身应变整体呈热弹性 [LAL 03]。

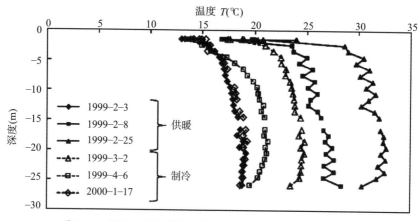

图 2.12 试验 7 时期单桩桩身温度沿桩深分布规律 [LAL 99]

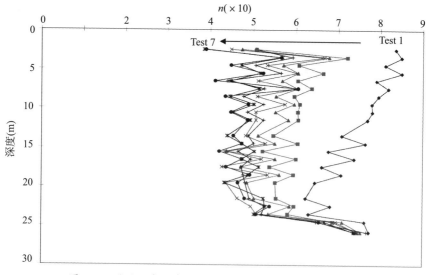

图 2.13 试验 7 中桩身体自由度沿桩深分布规律 [LAL 09]

通过式 (2.14) 计算，可以将温度变化引起的热应力叠加到荷载引起的应力中，从而获得总应力沿桩深的分布情况。试验 7 中桩身平均温度增长 13.4℃时，温度引起的热应力、荷载本身引起的应力和总应力沿桩深分布规律如图 2.14 所示。由图 2.14 可见，桩顶应力总增长值达到 1000kN，而桩端达到 2000kN；平均每升高 1℃ 大约将会导致桩身产生 100kN 的内部荷载（165kPa/℃）。

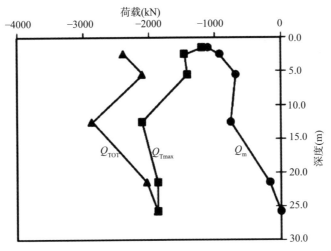

图 2.14　试验 7 中桩身平均温度升高 13.4℃时桩身力学荷载（Q_m）
及热载（Q_T）分布规律 [LAL 03]

2.3.3　群桩热力学响应特性

　　群桩现场试验中，以 1 号桩的桩身温度沿桩深分布规律为例（图 2.15），由图 2.15 可知，除了桩顶（被隔离部分）及桩底部分，桩身温度沿桩深方向的分布规律近似保持均匀。

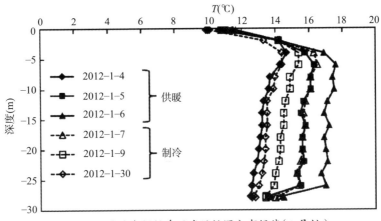

图 2.15　试验期间桩身温度沿桩深分布规律（1 号桩）

首先为了确定集水槽的建设对桩顶约束的影响，对没有任何建筑物荷载下 1 号桩（即"自由桩头"情况）的桩身自由度分布规律进行测定，作为参考基准值（图 2.16）；继而开展集水槽建成后相关测试桩的测试试验。由图 2.16 可知，1 号桩桩身自由度分布规律受建筑荷载影响相对最大。然而，由第 2.2.3 节可知，1 号桩的上部荷载量分担是最小的。

由此说明，桩基在筏板下面的位置决定了其桩顶约束的影响程度。事实上，1 号桩位于筏板下面中心位置，被其他桩基所包围。当能量桩热膨胀时，由筏板产生的应力在 1 号桩处体现最为明显。类似地，在热膨胀过程中由筏板产生的响应，位于筏板位置之下的 3 号桩和 4 号桩，比位于角桩位置的 2 号桩相对更大（图 2.7）。

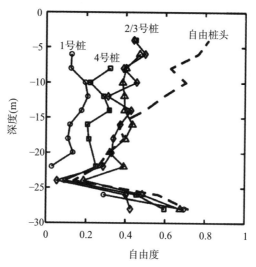

图 2.16　在水箱建成前后自由度分布的发展情况

另外，与 3 号桩相比，4 号桩周围被两根常规桩基包围；因此，即使两根桩受到相同的荷载作用，4 号桩也将受到相对更大的约束效应。当受到这些约束作用时，每升高 1℃，桩身大约产生最大增长值为 40~50kN 的内力。1 号桩下侧的压力传感器测试结果表明，在第二个试验期间（桩顶有水箱），桩底压力保持为弹性，同时桩身温度变化范围为 +2℃ ~+4℃（图 2.17）。

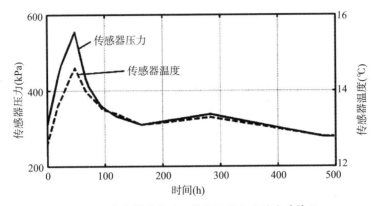

图 2.17　集水槽建成后 1 号桩桩端阻力的发展情况

2.4　本章小结

足尺现场试验，可以在不同环境条件及不同荷载下进行，是目前研究能量桩热力学特性的最主要途径之一。但是，足尺现场试验耗时相对较长且花费较高，现场工作至少需要一个月的有效工作时间用于收集数据，还需要更多的时间用来处理数据和校准仪器等。由于现场存在一些无法预料的情况（比如电力供应、传热液体不足等问题），因此，现场工作期间要进行大量详尽的记录，从而尽量减少不稳定或者错误的数据。

钢筋笼制作和下沉至钻孔内时，要注意确保传感器绑扎牢固，避免在提升钢筋笼和通过注浆管进行混凝土浇筑时，传感器及换热管位置的绑扎带产生弯曲或折断。

足尺现场试验获得的数据结果显示，能量桩的热力学特性体现为热弹性。上部荷载对能量桩热力学特性的影响，在两个试验中均有体现。第一根测试桩的观测结果显示上部结构对桩的约束确实有影响，且该影响在整根桩中都存在；桩体约束变化主要体现在筏板及第一层建筑物完成时。第二个场地试验表明，群桩的约束主要取决于其在筏板下的位置；与单桩施加荷载情况相比，筏板弯曲引起的响应与影响处于同一数量级。

参考文献

[BOU 09] BOURNE-WEBB P.J., AMATYA B., SOGA K., et al., "Energy pile test at Lambeth College, London: geotechnical and thermodynamic aspects of pile response to heat cycles", *Géotechnique*, vol. 59, no. 3, pp. 237–248, 2009.

[DUP 13] DUPRAY F., LALOUI L., KAZANGBA A., "Numerical analysis of seasonal heat storage in an energy pile foundation", *Computers and Geotechnics*, (in revision), 2013.

[GLI 00] GLIŠIĆ B., SIMON N., "Monitoring of concrete at very early age using stiff SOFO sensor", *Cement and Concrete Composites*, vol. 22, no. 2, pp. 115–119, 2000.

[INA 00] INAUDI D., LALOUI L., STEINMANN G., "Looking below the surface", *Concrete Engineering International*, vol. 4, no. 3, 2000.

[KNE 11] KNELLWOLF C., PÉRON H., LALOUI L., "Geotechnical analysis of heat exchanger piles", *Journal of Geotechnical and Geoenvironmental Engineering*, vol. 137, no. 10, pp. 890–902, 2011.

[LAL 99] LALOUI L., MORENI M., STEINMANN G., et al., Test en conditions réelles du comportement statique d'un pieu soumis à des sollicitations thermo-mécaniques, Swiss Federal Office of Energy (OFEN) report, 1999.

[LAL 03] LALOUI L., MORENI M., VULLIET L., "Comportement d'un pieu bi-fonction, fondation et échangeur de chaleur", *Canadian Geotechnical Journal*, vol. 40, no. 2, pp. 388–402, 2003.

[LLO 00] LLORET S., INAUDI D., GLIŠIĆ B., et al., "Optical set-up development for the monitoring of structural dynamic behavior using SOFO sensors", *Smart Structures and Materials 2000: Sensory Phenomena and Measurement Instrumentation for Smart Structures and Materials*, vol. 3986, Spie-Int Soc Optical Engineering, pp. 199–205, 2000.

[MAT 08] MATTSSON N., STEINMANN G., LALOUI L., "Advanced compact device for the *in situ* determination of geothermal characteristics of soils", *Energy and Buildings*, vol. 40 no. 7, pp. 1344–1352, 2008.

[MIK 02] MIKKELSEN P.M., "Cement-bentonite grout backfill for borehole instruments", *Geotechnical Instrumentation News*, pp. 38–42, December 2002.

[STR 91] STRAIN R.T., WILLIAMS H.T., "Interpretation of the sonic coring results: a research project", *Proceedings of the 4th International Conference on Piling and Deep Foundations*, pp. 633–640, 1991.

第3章
能源地下结构现场试验

Peter BOURNE-WEBB

自 20 世纪 90 年代中期至今，已有大量关于能源地下结构（尤其是能源桩）性状研究的相关研究数据与成果发表。然而，这些来源于实际运行系统、现场试验或室内试验实测数据研究，往往是针对单一的热响应或者热力耦合响应的。本章将许多与能源地下结构性能相关的已发表成果集合在一起，期望提供一个目前已有的综述性信息，以指导类似工程的相关设计与计算。

3.1 引言

尽管未必能 100% 搜集全部相关已有实测案例，但是本章附表仍可给出目前已有的相关工程实测案例较为完整的汇总。能源地下结构最早起源于瑞士、奥地利及德国等国家，总共收集有来自 7 个国家的 20 个实例；然而，没有任何一个已有工程可以提供详细且完整的工程案例资料。本章收集的信息主要分类如下：（1）现场运行系统实测实例汇总，见表 3.4；（2）仅考虑地温变化现场实测案例汇总，见表 3.5；（3）仅考虑桩基循环温度变化现场实测案例汇总，见表 3.6；（4）考虑热力耦合影响的现场实测案例汇总，见表 3.7。其中，表 3.4a、表 3.5a、表 3.6a 和表 3.7a 汇总了现场试验地点、土层情况、能源地下结构资料（如桩基类型、浇筑类型、截面尺寸、长度、分布及数量等）；土层情况叙述中，只有两例 [NAG 05，SEK 05] 土体可以认为为饱和土状态（因为地下水位位于地表下 3m 位置处）；只有一例 [NAG 05] 中给出了重要的地下水经流情况信息。表 3.4b、表 3.5b、表 3.6b 和表 3.7b 汇总了部分能源地下结构的热响应特性情况 [如入口水流温度、流速、功率输出、热导率及热响应系数（COP/SCOP）等]。所有 20 个现场实测案例中，有 18 个关于不同类型能量桩的试验；1 个热交换的筏板基础试验 [SCH 06, KIP 09]；1 个地下连续墙的热响应测试 [XIA 12]。此外，[BRA 06] 介绍了能量桩和能

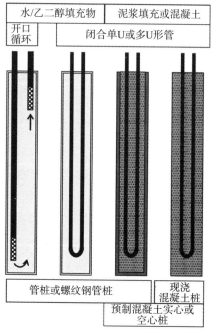

图 3.1　能量桩类型及换热管埋管形式

源地下连续墙的工程应用，但是并没有获得相关的实测数据。

目前已有的能源地下结构及其现场实测数据，主要集中在大量的不同类型的桩基础结构（图3.1）；主要包括：钻孔灌注桩 [SEK 05，BRA 06，LAL 06，PAH 06，SCH 06，GAO 08，BOU 09，KIP 09]、长螺旋钻（连续旋翼式螺钻）灌注桩 [WOO 09，BRE 10]、预应力管桩（管桩内充填料为泥浆 / 砂 [HEN 98，JAL 10] 或水 [MOR 94，NAG 05，KAT09，JAL11]）、螺纹钢管桩 [HAM 07，KAT09] 或预制方桩 [BRA 06]。本书第 2 章中也介绍了其中部分能量桩的现场试验及其实测数据。

3.2　热量储存与转化

3.2.1　概述

所有实例中，除了提供了相关能源地下结构热响应信息之外，其中 7 个实例还介绍了地下结构物周围土体的温度观测情况 [NAG 05，SEK 05，BOU 09，WOO 10，FRA 11，SCH 12，JAL 11]，详见第 3.2.3 节。典型的实例中，甚至观测了包括在地下岩土结构入流及出流温度、循环液体流速和功率消耗等情况；部分实例中介绍了在地下结构不同位置处、不同土体深度以及距地下结构物不同距离处的土体温度。

3.2.2 能量释放/吸收率

目前为止,绝大多数工程实例中桩埋管中换热管的热交换率采用瓦特每米(W/m)计量。这是一种地源热泵技术热交换率计量的经验表达方式,而不是科学定理。为了保持一致性,本章也采用同样的计量单位；但是,由于不同实例中土壤及地下水环境,桩基类型、尺寸及布置形式,试验方式,热加载特性及稳定状态等情况的不同,导致不同实例中热交换值差异很大,以至于无法直接比较。整体而言,比较有代表性的短期冷热循环或冷循环 [MOR 94, SEK 05, HAM 07, KAT 09] 运行情况,比长期的半稳定试验 [NAG 05, GAO 08, BRE 10, JAL11] 可以获得相对更高的热通量。实例中也采用了桩-土系统的热传导率、致热能效比（COP）或季度致热能效比（SCOP）等计量概念。

3.2.2.1 能量桩

尽管每一个具体实例的热通量之间,无法简单的进行相互比较；但是,基于具体实例所获得的试验结果规律,对于为相关类似工程的设计提供参考和建议值的具有重大意义 [BRA 06, BS 07]。

表 3.1 详细介绍了桩体材料（如,混凝土、填充水的钢管等）、土体类型、热释放（降温）和吸收（加热）值等情况。尽管填充水的钢管桩材料体积热容,近似是混凝土桩材料的两倍,但是,实际上两者的真实热传递值几乎没有差异；这主要是因为钢管桩的桩径一般小于 0.4m,而混凝桩的直径一般为 0.6~1.5m,桩径不同导致两种类型桩的热量值大致相同。虽然不同现场实测热传递值结果分布范围相对较大；但是,整体趋势表明,粗粒土中的热传递效率要高于细粒土、水填充钢管桩的热传递效率可能要高于混凝土桩。

将实测结果与 BS 15450：2007 规范 [BSE 07] 中给出的建议值相比可以发现,当钢管桩长径比 L/D 在 30~240 范围时,两者结果吻合较好；当混凝土桩长径比 L/D 在 10~60 范围时,规范建议值相对偏不安全。BS 14450 规范给出的建议值主要是针对当 L/D 值在 200~500 范围（例如,孔径为 0.15~0.3m、深为 80~150m）时,相关换热管的预设计与计算。因而,当能量桩的长径比与该范围值相近时,相关

不同填充材料桩的传热率对比表   表 3.1

物质	土体类型	热传递率（W/m）		BS 15450 规范建议值
		散热	吸热	
混凝土桩	粗粒	15~60，最大 110	25~45	30~50
	细粒	35，最大 220	30~50	55~80
填充液体的钢管桩	细粒	25~55，最大 140	15~20，最大 85	30~50
	粗粒	55~90	—	55~80

的设计也将会是合理的。

　　表 3.1 中部分结果数值明显偏大；对此，收集了部分热释放或吸收时常超过 12h 的实测结果进行分析（包括间断式加热和稳定态加热），结果如表 3.2 所示。由表 3.2 可见，脉冲式加热（间断性热传递）模式下的热传导率明显高于稳定态加热下的热传递值。[JAL11] 实测所得的整个加热过程直到进入稳定态的试验数据进一步说明了这个现象，在加热 1、4 和 24h 后，双 U 形埋管形式桩（桩径 0.14m）的热传递值分别为 125W/m、65W/m 和 35W/m。

不同热加载方式下的热传导率对比表（不包括不同的运行系统）   表 3.2

热加载模式	热传导率（W/m）	
	散热	吸热
间断式	70~120，最大值 220	50~85
稳态式	25~60，最大值 110	15~25

　　单 U 形和双 U 形埋管形式条件下，间断式（少于两小时测试）和稳定状态（连续 16 小时测试的最后两小时）两种热加载模式下热传导率的对比结果如图 3.2 所示 [JAL10]。由图 3.2 可知，间断式热加载模式明显比连续稳态式热加载模式的平均热传递量要大。

　　真实空调系统运行状况是每天的部分时间、每周的 5 或 6 天时间运行；因而间断式热加载模式与实际情况相对更符合；因此，稳态热加载模式下所获得的实测结果需要经过适当的换算，使其与实际热响应性能相符。

　　表 3.1 中规范 BS EN14450：2007[BS 07] 中提供的热传递建议值（30~80W/m具体值取决于土类型），同样可能仅适用于间断式热加载模式下的能量桩热传递

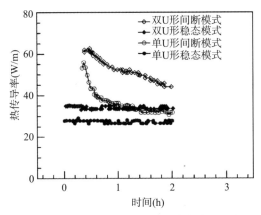

图 3.2 间断式和稳态式换热量与时间关系对比曲线 [JAL 10]

系统；同时还需要证明能量桩的间断式热加载模式与传统地源热泵间断式热加载模式一致。

由表 3.3 可知，不同桩径情况下，归纳的能量桩热传递率值与规范 [BRA 06] 中初步设计时选用的设计值之间的比较发现：对于小直径桩，[BRA 06] 规范给出的建议值范围包含在实例研究中获得的结果范围之中；显然在有些情况下该建议值的大小并不保守、有些甚至大很多。小直径桩具有相对较大的桩径比 L/D，也使其热传递模式与传统地源热泵热传递模式更接近。尽管如此，利用 [BRA 06] 规范给出的建议值作为能量桩相关的精确分析还是合理且有必要的。

尽管桩径超过 0.6m 的实例只有 4 个，但是，相关实测结果表明，桩径与热传递之间并没有明显的联系。[BRA 06] 建议取 35W/m^2 作为桩径超过 0.6m 桩的热传递率设计值；对热传递率，[GAO 08] 建议的稳态加载模式下桩径为 0.6m 的取值范围为 30~60W/m^2；[SEK 05] 对间断式加载模型下 1.5m 桩径的建议值为 25~45W/m^2，这些建议值作为初步设计的估计值是合理的。

不同桩径情况下热传导率对比表   表 3.3

桩径	L/D	热传递率	规范设计值 [BRA 06]
<0.5m	30~240	20~90W/m，最大值为 140W/m	40~60W/m
>0.6m	10~60	20~60W/m^2（散热）	35W/m^2
		15~25W/m^2（吸热）	

[LOV 12] 强调指出能量桩和传统地源热泵技术中热响应特性之间的最主要区别是混凝土桩体的热储能功能和桩的长径比；相关研究结果表明，简单的把传统地源热泵技术中线热源传热方式运用到能量桩中是会导致明显错误的。因此，开展专门针对能量桩的热响应特性现场实测研究，以了解能量桩热力学特性，分析设计能量桩显得尤为迫切。

3.2.2.2 其他能源地下结构

桩基础是埋设地源热泵换热管的最佳载体之一；相比而言，其他类型的能源地下结构，如筏板 / 地坪、地下连续墙以及隧道等则相对较少。

[XIA 12] 现场实测了不同换热管分布形式下地下连续墙的热交换效率，揭示了埋管形式和水平布置形式对热交换率的影响规律，现场参数信息见表 3.6（a）。试验布置中，往往只是用单根换热管，而不考虑多管布置时的影响；然而沿着地下连续墙布置的多个循环管之间会相互影响，从而限制了混凝土板水平向热流量总量。由此说明，表 3.6（b）中热交换率（30~100W/m，长度为换热管长度）在此类地源热泵系统中的热响应力并不具有代表性。[BRA 06] 建议地下连续墙的热交换率设计值为 30W/m。

Lainzer 高速公路隧道中布置了大量的能源地下结构系统；其中包括一段钻孔灌注混凝土桩支持明挖隧道（LT24）和一段喷射混凝土衬砌（SCL）隧道（LT22）。文献 [ADA 09] 给出了系统实际运行中首个 2.5 年内累积的热吸收量结果；在第二个和第三个取暖季度，平均每季度热吸收量为 190MWh（每个季度持续 8~9 个月）；这一数值与能量桩的热吸收建议值 30W/m 一致，且 COP 值为 3。

Fesanenh 隧道是 SCL 类型隧道，其中部分路段也设置为能源隧道形式。文献 [SCH 12] 介绍了该段隧道内一个热观测值随时间的变化规律，如图 3.3 所示。由图 3.3 可知，在 4 个月时间内外部空气温度及隧道温度上升，热传递效率从 30W/m 降到 15W/m（作者指出稳态热传递效率理论值在 5~8W/m 之间）。

文献 [SCH 06，KIP 09] 介绍了位于德国柏林的一块 8000m^2 能源筏板的热响应特性，通过长达 4 年的实测结果表明，该能源筏板的加热或降温的热传导率为 5W/m^2。但是，该文献并没有全面、清楚地交代自由降温模式下系统运行情况。基于上述实测数据，COP 值从 2005 的 2.5 变化为 2008 年的 5.0，可以预计未来 10 年内 COP 值将达到一个稳定值。通过对比，[BRA 06] 建议能源筏板基础的设计值为 10~30W/m^2。

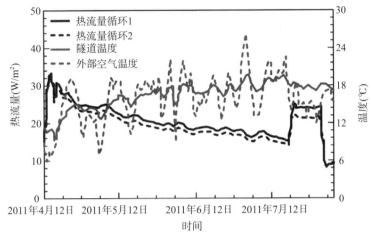

图 3.3 隧道围岩随时间变化的热传递规律 [SCH 12]

3.2.3 热应力场

在所有 20 个现场实例中，有 7 个（5 个单桩 / 群桩和 2 个隧道）涉及对地下结构物周围土体温度场的测量；这些测量的结果总结如下。

3.2.3.1 桩体温度场

虽然在很多实例中，都安置了仪器测量桩体温度，但只有几个实例中有关于桩体温度的具体测量结果 [MOR 94，NAG 05，HAM 07，JAL 11，BRA 06，LAL 06，BOU 09，AMA 12]。

测量发现，通常桩体温度并不一致，桩体上下两端的温度会存在一些差别。例如，在图 3.4[NAG 05] 中，在桩身的整个降温过程中，由于晚冬到春季期间空气温度的上升，桩体离地表较近部分温度一直保持上升。同时在桩底端，由于桩底土体可以储存大量的热量，所以降温现象虽然存在，但不明显。

[BOU 09，AMA 12] 中的现场数据也显示了相似的桩体温度受深度影响规律，即在地表 4~6m 深度以下保持不变。在 Lambeth 大学测试桩实例 [AMI 08，BOU 09] 中，在桩基同一深度，不同测量仪器（热敏电阻和光纤传感器 OFSs）所获得的温度结果也存在一定的差异，位于传热管中间位置的热敏电阻温度要稍高于在管边上的 OFSs 所获得的温度值。

文献 [JAL 11] 测量了在制冷期间桩体温度沿着传热管长度方向的变化规律。温度沿着桩身深度下降，然后在管返回位置稍微恢复一些；这可能是由于供给及

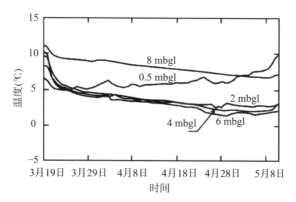

图 3.4　群桩中心位置桩体表面温度随时间变化规律 [NAG 05]

回流管的干扰造成的。

从上述文献中的试验结果可得，整体稳态温差 ΔT（入水温度减去出水温度）为 1~4℃（随流速下降而提高）。然而，这种温差多数发生在靠近地表区域，在桩内多数仪器上部和入水及出水温度取用点之间。

桩体上部多数温度读数显示，在 2m 深左右，入口与出口间的温差显著降低，并达到小于 2℃。由此说明，热传递试验结果受桩头情况、环境温度（在该试验中一直比入水及出水温度低）的影响；其中，入水温度和出水温度在空气中测量，且系统的暴露部分与空气隔热的情况会对结果产生较大的影响。

在钻孔系统中，该影响是可接受的，因为其工作时是与空气接触的。但是需要特别注意的是：在能源地下结构应用中，热边界条件需要保持不变；比如，桩头没有暴露在空气中，而是被其所支撑的上部建筑所隔离。

3.2.3.2　单桩桩周土体温度场

[SEK05]、[BOU 09] 和 [JAL 11] 观测并介绍了单根能量桩桩周土体温度场分布规律。

在不同深度的非扰动土中，土体季节性温度分布如图 3.5 所示 [JAL 11]；需要注意的是，与 4m 深度处土体温度变化相比，空气温度受季节性气候变化影响更加显著。

[BOU 09] 的数据也显示一个相似的影响深度规律，在地表深度 4~6m 以下桩体温度保持不变；但是，由于在距离测试桩 25m 位置处的地铁隧道出现一个热源，所以该实例中温度数据相对比较复杂。

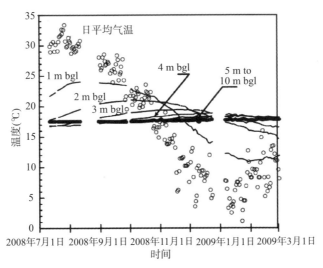

图 3.5　季节性土体温度随时间变化曲线 [JAL 11]

在供暖（冷季）或制冷（热季）时，单桩桩周土体的通常温度变化实测结果如图 3.6 所示 [SEK 05]。图 3.6（*a*）和图 3.6（*b*）分别为距离桩表面 $0.67R$ 和 $1.67R$（R 为半径）处土体温度观测值。

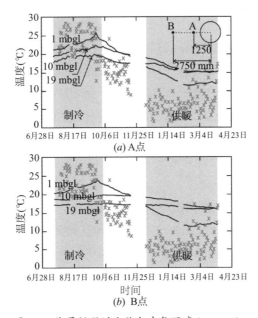

图 3.6　能量桩附近土体与空气温度 [SEK 05]

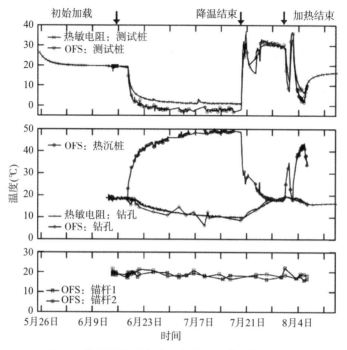

图 3.7　能量桩附近土体温度变化规律曲线 [BOU 09]

受桩和空气温度变化的共同影响，在接近地表处土体温度变化（对于非扰动土大概为 15℃，变化范围为 +10~-5℃）较深位置处（对于非扰动土在 +7~0℃变化）更大。因为桩底的土体热存储，桩端深度土体显示较小的温度变化。

在图 3.6 中观测值也显示出温度变化值随与桩距离增加而减少，且图 3.7[BOU 09] 所显示的地表 9.5m 以下土体温度分布也有相同的结论：在距离桩表面 0.83R 处钻孔内部的温度大约为桩温度的一半，而在距离桩表面 5.67R 处锚桩温度变化几乎可以忽略。

3.2.3.3　群桩桩周土体温度场

[NAG 05] 和 [WOO 10] 介绍了能量桩群桩试验测量情况，并得出了当群桩进行加热工作时，桩体可能受周围桩的相互热影响的结论。

在 [NAG 05] 实例中，群桩布置形式为 5×5 网格分布，且桩中心间距为 24R。在 [WOO 10] 试验中，在布置间距为（12~14）R 的 21 根群桩中，只有外围的桩（16 根）进行加热处理。

图 3.8 中显示文献 [NAG 05] 观测所得的温度数据为地表 6m 下平面温度分布测量结果。由图 3.8 可得，从较远区域（点 8）到群桩边缘附近位置（点 1、5、3）再到向群桩中心（点 2、6、4、9）距离，对土体温度的影响是很显著的。

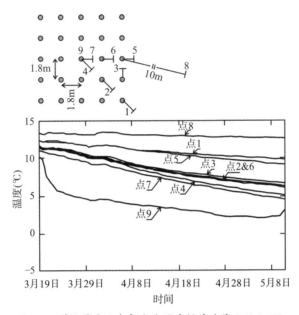

图 3.8 群桩周边及内部土体温度规律曲线 [NAG 05]

在距离群桩边缘为 10m（138R）处（点 8），土体温度几乎不受桩体温度变化影响（在试验结束时候有非常轻微的降温）。在距离为（12~18）R 处（分别为点 5、1），温度下降值增长至 3~4℃；在群桩边缘位置，影响比前面还要多 1~2℃；且距离桩中心越近，温度受桩影响越明显。

这些结果揭示了群桩桩周土体温度场的叠加分布规律。[WOO 09] 和 [WOO 10] 观测群桩吸热时温度场的分布规律，也得到类似的结论；在距离群桩角桩位置 32R 处，竖向温度分布变化仅仅受地表温度变化影响；在距离为 16R 位置处，温度受桩体温度变化的影响的下降值要小于 1℃。

3.2.3.4 其他能源地下结构

针对非能量桩的能源地下结构周围温度场的测量非常罕见，只有几个隧道工程的实例 [PRA 09，FRA 11，SCH 12]。其中，来自 Jenbach 段衬砌隧道 [FRA 11] 实测数据显示了不同深度土体温度沿隧道轴线温度变化规律（图 3.9）；[SCH 12]

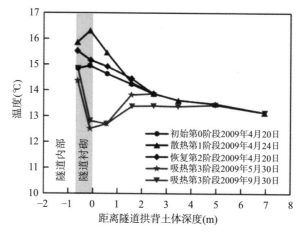

图 3.9   隧道轴线及距隧道拱背不同距离处的温度变化规律 [FRA 11]

介绍了相似的观测结果：在一个 SCL 隧道中，隧道自然空气温度变化影响周围土体温度变化。

在各类数据中，无论是自然环境或前面的实例中，受散热或者吸热的影响，温度变化影响土体温度的深度距隧道拱背都不超过 7~8m（略小于隧道直径）。

3.3   热力学效应

3.3.1   概述

目前针对热载影响下的足尺能源地下结构的力学特性现场实测数据，仅仅局限于桩基础 [BRA 06，LAL 06，BOU 09，AMA 12] 和地下连续墙 [BRA 06]。除了上述的足尺能源地下结构，相关研究人员还对小比尺试验和离心机模型试验进行了大量研究 [MCC 11，KAL 12，STE 12，WAN 12]。本书第 3 章、第 4 章对其进行了介绍。

3.3.2   温度对结构的影响

[AMA 12] 针对加热或降温对足尺能量桩的影响，进行了详细的现场测量。该影响规律考虑了桩基特性（几何形状、杨氏模量等）、热载施加（温度变化）和桩受到的约束程度（来自桩周土及桩支撑的上部结构）等因素。

桩体制冷（建筑受热季节）会在桩身产生应力，与由于外部力学荷载产生的初始应力相比，温度引起的压应力较少；且充足降温过程下，受压桩的应力甚至会变成拉应力（图 3.10a–i）。

另一方面，加热会导致压应力的增加，其最大值受桩头的受约束程度影响。图 3.10（a–ii）所示桩头可以自由移动；图 3.10（b）所示桩头在上部建筑下卧层和桩端坚硬石垫层之间为有效固定。[STE 12] 介绍的桩头及桩底在约束限制情况下有相似的影响。

测量竖向应力变化，并与桩完全约束以抵抗热引起的移动（公式 3.1）下会产生的最大应力值进行比较，会得到有趣的现象（图 3.11）：

$$\sigma_{a,\ fixed}=\alpha\Delta TE_p \tag{3.1}$$

式中，$\sigma_{a,\ fixed}$ 为当桩完全约束情况下桩的竖向应力；α 为线性热膨胀系数；ΔT 为温度的变化值；E_p 为桩的杨氏模量。

完全约束条件下，在桩中观测的热引起的最大竖向应力变化范围为 50%~100%。完全约束下的值是测量应力变化值的上限是明显合乎逻辑的。但仍

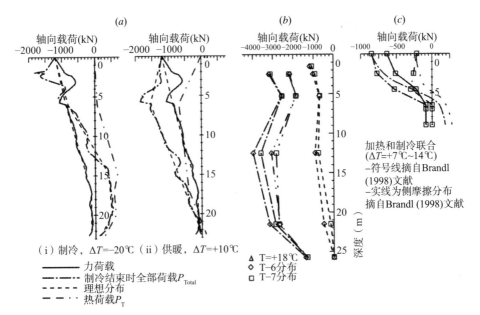

图 3.10 加热或降温引起的桩身轴力变化规律 [AMA 12，BOU 09，LAL 06，BRA 06]
(a) 伦敦主要测试桩；(b) 洛桑 T-6 和 T-7 测试桩；(c) 巴特沙勒巴赫桩

然需要更多的研究去理解约束的机理和量化非完全约束条件下的应力变化值。在工程实例中，由图 3.11（a）降温过程及图 3.11（b）加热过程可以看出，非完全约束条件下产生的应力变化值要低于完全约束。

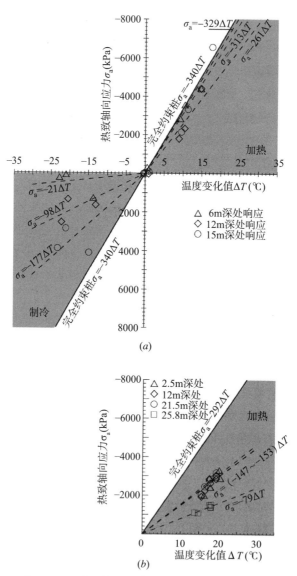

图 3.11　温度引起的桩身混凝土热应力 [AMA 12]
（a）伦敦主要测试桩；（b）洛桑 T-2 至 T-7 测试桩

其他已经发表的足尺能源地下结构，热力学响应实测结果只有奥地利 Lainzer 隧道，而 [BRA 06] 对一个明挖隧道内咬合桩墙受温度变化引起的弯曲响应进行了介绍。图 3.12 中的数据已经对原始文献 [BRA 06] 进行了调整，显示了在不同阶段测量应变的变化值而不是绝对值。在 [BRA 06] 中数据不仅包括力学弯曲应变，还有热力引起的应变。

在 2003 年 5 月到 8 月期间，对于桩墙系统，从 [BRA 06] 中能获得的无论是物理或者热学实测响应都并不明显。然而，在开挖完成后，[BRA 06] 显示的应变绝对值分布与在顶部有墙支撑时的分布形状相似，这与预测结果相一致。这说明墙体的最大弯曲应变出现在开挖的最后阶段。在这阶段的应变变化(图 3.12a)显示，所有应变更加趋于拉应力，但沿着桩长并不一致。在相同阶段，空气中的温度由 0 到中等到 20，所以季节变暖对桩体的膨胀作用，会对应变的拉伸变化产生一定影响。

桩墙系统外部（暴露在空气的部分）温度更高 [BRA 06]，因此相比在土体内部部分应变的拉伸变化更大。用此机理虽然很难解释具体差值，但是，沿桩的温差一般小于 3℃ [BRA 06]，且 [BRA 06] 中对于桩墙系统的约束情况及建筑过程并未提到，这也可能是应变变化的原因。而测量中最大的应变变化值为 200 $\mu\varepsilon$，大约为 2003 年最大应变绝对值的 40%。

类似的，在图 3.12 (b) 中，在 2003 年 8 月到 2004 年 1 月期间，在再次调试热泵之前，外部温度及隧道内温度下降。降温使桩体压缩且应变变化为压应变，与前期温度在最大值有相似的结果。但是，在该例中，底板区域仪器同一水平面及沿墙的长度方向的应变变化更加均匀。

在 2004 年 8 月，空气温度较之上一年 8 月的温度略有下降，在图 3.12 (c) 中可以看出，同预测一样，实测应变变化值依然为压应变，但其最大值变小了。[BRA 06] 描述的 2003 年 8 月到 2004 年 6 月的观测结果在这里并没有显示，但是与图 3.12 (c) 形式类似，都存在由于在 2004 年 1 月到 2004 年 8 月之间相比于上一年 8 月 （10℃）温度较低导致的应变最大值较高的现象。

从 2004 年 2 月地热系统开始运行，到 2004 年 8 月，在此过程中去除环境温度对热释放 / 吸收以及应变数据的影响很明显是有问题的。如 [BRA 06] 中所提到的，将预处理阶段的实测数据与之前相对比，很明显隧道内环境温度变化主导了测量结果，或者说与隧道内空气的热交换，可能已经能够满足降温与取热的能源

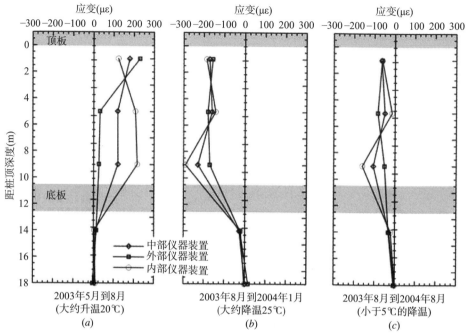

图 3.12 降温季节地下连续墙应变变化规律 [BRA 06]

需求。图 3.12 揭示了上述三个阶段中任一阶段内底板下部应变保持相对不变，这一现象大致可以支持上述观点。

3.3.3 温度引起的土体 – 结构相互作用

目前为止，加热或降温对土 – 结构接触面应力的影响研究还仅限于土 – 桩接触面，[AMA 12] 对已有的足尺桩试验测量值进行了整理及校核（结果如图 3.13 所示）。

从下述图中可看出，在竖向力学荷载单独作用下，土体阻碍桩向土中的位移，此时桩 – 土界面摩擦力为正值。在桩的热膨胀／收缩阶段桩土接触面的滑动摩擦力发生变化。因此，当桩降温的时候，桩上部的摩阻力增加（桩向土体中收缩），桩下部的摩阻力减少直至负值（桩向远离土体方向收缩），在图 3.13 中用实线表示。从图中还可看出，在加热时候会出现相反情况。

目前，模型试验被用来验证已有的热载对全尺寸桩 – 土接触面摩阻力影响的研究结果。其结果与足尺试验保持一致，经过 1g 条件下在干砂中对模型桩进行测

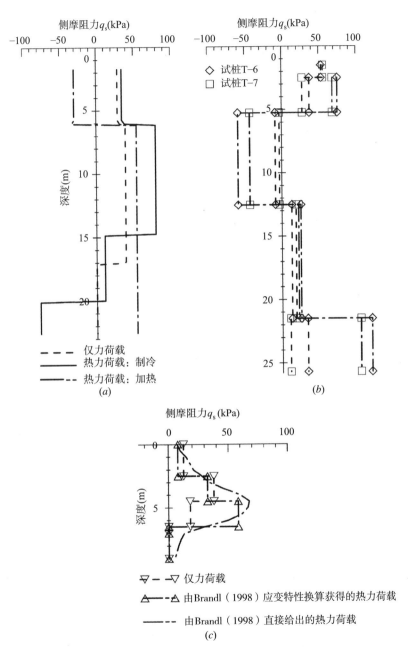

图 3.13 加热或降温引起的桩侧动摩阻力变化规律 [AMA 06]
（a）伦敦主要测试桩；（b）洛桑 T-6 和 T-7 测试桩；（c）巴特沙勒巴赫桩

试后，[KAL 12] 发现在一个典型的安全系数（整体系数为 2.5）下不同的力学荷载作用时，在桩加热或降温过程中（ΔT=25℃）桩顶位移的发展是弹性的，并没有桩体永久位移变形出现。然而，在力学荷载增大到桩侧摩阻力最大值的过程中，在持续荷载下，冷热循环会造成附加沉降的积累（注意到可能是桩系统蠕变产生的位移，作者并没有排除在测量中这些因素的影响）[KAL 12]。[WAN 12] 在 1g 条件下进行了桩－土接触面模型试验来测量温度对摩阻力的影响。试验采用均匀压实的粉砂（D_{50}=0.21mm，γ_d=15.2kN/m³），分别在湿度为 0%、2% 和 4% 条件下进行。每个试验包括如下几个步骤：

(1) 循环加载建立室温环境下的稳态摩阻力；

(2) 施加温度变化 ΔT=20 或 40℃，持续 24h；

(3) 循环加载建立升温环境下的稳态摩阻力；

(4) 让模型在室温中冷却 24h；

(5) 循环加载建立室温环境下的稳态摩阻力。

重复步骤（2）~（5）。

在干砂及 4% 湿度的砂中施加 ΔT 为 20℃ 和 40℃ 时，以及 2% 湿度的砂中施加 ΔT 为 20℃ 时，在有效连续摩阻力作用下可以观测到桩体的累积沉降。值得注意的是 2% 及 4% 湿度的砂中摩阻力大约是干砂的两倍。

温度升高 40℃，2% 湿度的砂相比于干砂，其摩阻力减半。在相同条件进行一次重复试验，结果表明温度对摩阻力的影响确实存在，同时当桩体温度恢复至初始温度时，摩阻力也将会随之恢复。试验还对桩周土的湿度变化进行了测量，结果表明：摩阻力下降值最大的位置，含水率下降到 0.2%，而在其他位置该值保持在 1%，包括在温度恢复的第二个试验中 [WAN 12]。

温差影响下的土的湿度变化可能对摩阻力的变化产生影响。在较高的含水率情况下，土体基质吸力会提高桩侧摩阻力；桩周土体变干，一定程度上破坏了土体的基质吸力，导致在干砂中摩阻力下降。而在该例中，表现出来的现象是暂时的效应，因为当降温时，摩阻力会恢复，同时土体孔隙水重新向桩流动，基质吸力就会重新建立。

试验 [MCC 11] 发现，对湿度为 13% 的非饱和土，温度升高 40℃ 会导致桩侧摩阻力提高 30%。这可能是随着温度对土体基质吸力影响而产生的，即温度上升会导致水曲面曲率增加和更高的吸力，同时可能产生更高的摩阻力。

3.4　本章小结

本章所给出的关于能源地下结构（主要是能量桩）与土之间热传递特性的实测结果和 [BRA 06] 规范设计给出的建议值范围，都来源于文献资料。由于土层条件、能源地下结构尺寸与位置、热边界条件、加热与降温需求等，都会成为能源地下结构热传递特性的重要影响因素。因此，采用本章所给出的数据资料进行相关设计时要格外谨慎。大量的试验结果表明，只有针对具体项目的专门测试和分析，才能获得最优的能源地下结构设计方案。

在能量桩（单、群桩）及能源隧道等能源地下结构中，其周围温度场变化受能源地下结构物影响明显的范围区域约为几米。由于能源地下结构温度影响区域往往也是承受荷载影响区域，为了最小化邻近能源地下结构系统对周围介质的热干扰，确定不同因素影响下能源地下结构周围热影响范围值显得更为重要。特别强调，只有针对具体项目的专门测试和分析，才能得到该能源地下结构的热影响区域。

限于目前相对有限的数据来源，基于定义的两种完全自由桩或者完全嵌固桩边界，来确定实际能量桩在热加载模式下的位移及应力值是基本合理的 [AMA 12]。然而，许多实例运用表明，这种方式往往相对过于保守，有待进一步针对能量桩的热响应参数及其参数敏感性的观测及分析。

针对温度及温度循环对土体 - 结构接触面的影响问题，已经在足尺和缩尺模型试验中进行观测与分析；当未达到摩阻力极限值时，滑动摩阻力的变化是可逆的。模型试验还强调了由温度导致的土体水分迁移，从而对桩侧摩阻力的影响，尤其是在非饱和土中。再次重申，为了更好理解在加热及降温过程中能源地下结构的性能，非常有必要筛选重要的影响因素，并对其影响程度进行深入的观测及分析。

尽管本章论述了能源地下结构观测，以及笔者对能源地下结构的理解；但是，这些并不能提供不同环境、不同类型的能源地下结构简化设计的路径。因此，有必要针对具体某一个项目开展系统、完整的观测。针对能源地下结构热响应特性的研究进展相当迅速，相信在不久的将来，在各国大量研究经费支持下，可以实测获得完整的能源地下结构热及热力学特性，也使能源地下结构工程问题更具确定性。

致谢

本章作者非常感谢日本北海道大学的 Nagano 教授，诺丁汉大学的 Crise Wood 博士，GI 能源有限公司的 Tony Amis 和 Chris Davidson 工程师，瑞士南方应用科技大学的 Daniel Pahud 教授以及 CDH 能源有限公司的 Hugh Henderson 工程师等，给本章相关研究工作提供的帮助和问题解答。

参考文献

[ADA 09] ADAM D., "Tunnels and foundations as energy sources – practical applications in Austria", *Proceeding Conference on Deep Foundations on Bored and Auger Piles*, Ghent, Belgium, pp. 337–342, 2009.

[AMA 12] AMATYA B.L., SOGA K., BOURNE-WEBB P.J., *et al.*, "Thermo-mechanical behaviour of energy piles", *Géotechnique*, vol. 62, no. 6, pp. 503–519, 2012.

[AMI 08] AMIS T., BOURNE-WEBB P., DAVIDSON C., *et al.*, "An investigation into the effects of heating and cooling energy piles whilst under working load at Lambeth College, Clapham Common, UK", *Proceeding of the 33rd Annual and 11th International Conference of the Deep Foundations Institute*, New York, 2008.

[BOU 09] BOURNE-WEBB P.J., AMATYA B., SOGA K., *et al.*, "Energy pile test at Lambeth College, London: geotechnical and thermodynamic aspects of pile response to heat cycles", *Géotechnique*, vol. 59, no. 3, pp. 237–248, 2009.

[BRA 06] BRANDL H., "Energy foundations and other thermo-active ground structures", *Géotechnique*, vol. 56, no. 2, pp. 81–122, 2006.

[BRE 10] BRETTMANN T., AMIS T., KAPPS K., "Thermal conductivity analysis of geothermal energy piles", *Proceeding of the 11th International Conference on Geotechnical Challenges in Urban Regeneration*, DFI2010, London, 2010.

[BS 07] BS EN 15450:2007, "Heating systems in buildings – design of heat pump heating systems", *BSI*, p. 50, 2007.

[FRA 11] FRANZIUS J.N., PRALLE N., "Turning segmental tunnels into sources of renewable energy", *Proceedings of the ICE Civil Engineering*, vol. 164, no. 1, pp. 35–40, 2011.

[GAO 08a] GAO J., ZHANG X., LIU J., *et al.*, "Numerical and experimental assessment of thermal performance of vertical energy piles: an application", *Applied Energy*, vol. 85, no. 10, pp. 901–910, 2008.

[HAM 07] HAMADA Y., SAITOH H., NAKAMURA M., *et al.*, "Field performance of an energy pile system for space heating", *Energy and Buildings*, vol. 39, no. 5, pp. 517–524, 2007.

[HEN 98] HENDERSON H.I., CARLSON S.W., WALBERGER A.C., "North American monitoring of a hotel with room size GSHPs", *Proceeding of the IEA Room Size Heat Pump Conference*, Niagara Falls, Canada, 1998.

[JAL 10] JALALUDDIN J., MIYARA A., TSUBAKI K., *et al.*, "Thermal performances of three types of ground heat exchangers in short-time period of operation", *International Refrigeration and Air Conditioning Conference*, Paper 1123, 2010, available at http://docs.lib.purdue.edu/iracc/1123.

[JAL 11] JALALUDDIN J., MIYARA A., TSUBAKI K., *et al.*, "Experimental study of several types of ground heat exchanger using a steel pile foundation", *Renewable Energy*, vol. 36, no. 2, pp. 764–771, 2011.

[KAL 12] KALANTIDOU A., TANG A.M., PEREIRA J-M., *et al.*, "Preliminary study on the mechanical behaviour of heat exchanger pile in physical model", *Géotechnique*, vol. 62, no. 11, pp. 1047–1051, 2012.

[KAT 09] KATSURA T., NAKAMURA Y., OKAWADA T., *et al.*, "Field test on heat extraction or injection performance of energy piles and its application", *Proceeding of the 11th International Conference on Thermal Energy Storage, Stockholm, EFFSTOCK 2009*, Paper 143, 2009, available at http://intraweb.stockton.edu/eyos/energy_studies/content/docs/effstock09/Posters/146.pdf.

[KIP 09] KIPRY H., BOCKELMANN F., PLESSER S., *et al.*, "Evaluation and optimization of UTES systems of energy efficient office buildings (WKSP)", *Proceeding of the 11th International Conference on Thermal Energy Storage, Stockholm, EFFSTOCK 2009*, Paper 43, 2009, available at http://intraweb.stockton.edu/eyos/energy_studies/content/docs/effstock09/Session_6_1_Case_studies_residential_and_commercia_buildings/43.pdf.

[LAL 03] LALOUI L., MORENI M., VULLIET L., "Comportement d'un pieu bi-fonction, fondation et échangeur de chaleur", *Canadian Geotechnical Journal*, vol. 40, no. 2, pp. 388–402, 2003.

[LAL 06] LALOUI L., NUTH M., VULLIET L., "Experimental and numerical investigations of the behaviour of a heat exchanger pile", *International Journal for Numerical and Analytical Methods in Geomechanics*, vol. 30, no. 8, pp. 763–781, 2006.

[LAL 09] LALOUI L., NUTH M., "Investigations on the mechanical behaviour of a Heat Exchanger Pile", *5th International Symposium on Deep Foundations on Bored and Auger Piles (BAP V)*, University of Ghent, Belgium, pp. 343–347, 2009.

[LOV 12] LOVERIDGE F., POWRIE W., "Pile heat exchangers: thermal behaviour and interactions", *Proceeding of the ICE – Geotechnical Engineering*, vol. 166, no. 2, pp. 178–196, 2012.

[MCC 11] MCCARTNEY J.S., ROSENBERG J.E., "Impact of heat exchange on the axial capacity of thermo-active foundations", *ASCE Geotechnical Special Publication No.211*, ASCE, pp. 488–498, 2011.

[MOR 94] MORINO K., OKA T., "Study on heat exchanged in soil by circulating water in steel pile", *Energy and Buildings*, vol. 21, no. 1, pp. 65–78, 1994.

[NAG 05] NAGANO K., KATSURA T., TAKEDA S., *et al.*, "Thermal characteristics of steel foundation piles as ground heat exchangers", *Proceeding of the 8th IEA Heat Pump Conference*, Las Vegas, NV, pp. 6–12, 2005.

[PAH 06] PAHUD D., HUBBUCH M., "Measured thermal performances of the Dock Midfield energy pile system at Zurich airport", *14 Schweizerisches Status-Seminar, Energy und Umweltforschung im Bauwesen*, ETH Zurich, pp. 217–224, 2006.

[PAH 07] PAHUD D., HUBBUCH M., "Measured thermal performances of the energy pile system of the Dock Midfield at Zurich airport", *Proceeding of the European Geothermal Congress*, Unterhaching, Germany, 2007.

[PRA 09] PRALLE N., FRANZIUS J-N., ACOSTA F., *et al.*, "Using tunneling concrete segments as geothermal energy collectors", *Proceedings of the 5th Central European Congress on Concrete Engineering*, Baden, pp. 137–141, 2009.

[SCH 06] SCHNÜRER H., SASSE C., FISCH M.N., "Thermal energy storage in office buildings foundations", *Proceedings of the 10th International Conference on Thermal Energy Storage*, ECOSTOCK, Galloway, NJ, 2006, available at http://intraweb.stockton.edu/ eyos/energy_studies/content/docs/FINAL_PAPERS/11A-4.pdf.

[SCH 12] SCHNEIDER M., MOORMANN C., VERMEER P., "Experimentelle und numerische Untersuchungen zur Tunnelgeothermie", *8. Kolloquium Bauen in Boden und Fels,* TAE, Ostfildern, 2012, available at http://www.uni-stuttgart.de/igs/content/publications/219_ TAE_Schneider.pdf.

[SEK 05] SEKINE K., OOKA R., YOKOI M., *et al.*, "Development of a ground source heat pump system with ground heat exchanger utilizing the cast-in-place concrete pile foundations of a building", *Proceedings of the World Sustainable Buildings Conference*, Tokyo, pp. 1059–1066, 2005.

[SEK 06] SEKINE K., OOKA R., HWANG S., *et al.*, "Development of a ground source heat pump system with ground heat exchanger utilizing the cast-in-place concrete pile foundations of buildings", *Proceedings of the 10th International Conference on Thermal Energy Storage*, ECOSTOCK, Galloway, NJ, 2006, available at http://intraweb.stockton.edu/ eyos/energy_studies/content/docs/FINAL_PAPERS/11A-3.pdf.

[STE 12] STEWART M., MCCARTNEY J., "Strain distributions in centrifuge model energy foundations", *ASCE Geotechnical Special Publication No. 225*, ASCE, pp. 4376–4385, 2012.

[WAN 12] WANG B., BOUAZZA A., BARRY-MACAULAY D., *et al.*, "Field and laboratory investigation of a heat exchanger pile", *ASCE Geotechnical Special Publication No. 225*, ASCE, pp. 4396–4405, 2012.

[WOO 09] WOOD C.J., LIU H., RIFFAT S.B., "Use of energy piles in a residential building, and effects on ground temperature and heat pump efficiency", *Géotechnique*, vol. 59, no. 3, pp. 287–290, 2009.

[WOO 10] WOOD C.J., LIU H., RIFFAT S.B., "An investigation of the heat pump performance and ground temperature of a piled foundation heat exchanger system for a residential building", *Energy*, vol. 38, no. 12, pp. 4932–4940, 2010.

[XIA 12] XIA C., SUN M., ZHANG G., *et al.*, "Experimental study on geothermal heat exchangers buried in diaphragm walls", *Energy and Buildings*, vol. 52, pp. 50–55, 2012.

现场运行系统实测实例汇总—土层及基础概况　　表 3.4a

参考文献	地点	土层分布				基础概况			
		深度（m）	名称	GWL（m）	温度（℃）	类型	直径（mm）	桩长与桩间距（m）	数量
[HAM 07]	日本札幌	—	—		9	预应力管桩，砂浆填充	300	9.0/1.2~5.7	26
[HEN 98]	美国纽约州杰尼瓦	0~6.7	带黏土的粉砂	接近0	8	钢管桩，混凝土填充	200	25.9/0.6~4.6	198
		6.7~26	带巨石的冰碛土						
		26~27	细粒砂/粗粒砂						
		>27	带巨石的冰碛土						
[KIP 09] [SCH 06]	德国柏林	—	人工填土	接近0	10	未知		8.5/—	196
		—	湖相软土						
		—	冰碛砂及碎石						
[KIP 09]	德国	—	未知			未知		20/—	101
[PAH 06] [PAH 07]	瑞士苏黎世机场	0~6	砂及碎石	接近0	12	钻孔灌注桩	900~1500	3.0/9.0（平均）	306
		6~30	湖相淤泥土						
		>30	冰碛石						
[KIP 09] [SCH 06]	德国柏林	—	人工填土		10	筏板基础	8000m² 的热吸收面积		
		—	冰碛砂及碎石						

现场运行系统实测实例汇总—热性能特性　　表 3.4b

参考文献	位置	热性能						
		单根桩循环管数量	时间（d）	输入温度（℃）	流速（l/hr）	功率输出（W/m）	导热系数	COP/SCOP
[HAM 07]	日本札幌	1	130 天	17.8	263	54	—	—
		2		18.9	244	55		
		1		−0.6	—	69	—	3.9/3.2
[HEN 98]	美国纽约州杰尼瓦	1	2 年	3~30	—	放热：18.3 吸热：16.4	—	3.9~4.1
[KIP 09] [SCH 06]	德国柏林		4 年			放热：35 吸热：30		5.8
[KIP 09]	德国		4 年			放热：35 吸热：30	—	3.5~5.0

续表

参考文献	位置	热性能						
		单根桩循环管数量	时间（d）	输入温度（℃）	流速（l/hr）	功率输出（W/m）	导热系数	COP/SCOP
[PAH 06] [PAH 07]	瑞士苏黎世机场	5	2 年	降到 c.3	860	吸热：45（72pk）	—	5.1
				保持在 17		放热：16（33pk）		
[KIP 09] [SCH 06]	德国柏林	21.3	4 年	—	—	5W/m²	—	2.5~5.0

仅考虑地温变化现场实测案例汇总—土层及基础概况　　　表 3.5a

参考文献	位置	土层分布					基础概况			
		深度（m）	描述	GWL（m）	温度（℃）		类型	直径（mm）	长度及间距(m)	数量
[BRE 10]	美国德州列治文	0~10	硬黏土	3.3	22		后注浆桩	1×300 1×450	18.3/4.5	3
		10~17	密砂							
		17~18.5	硬黏土							
		>18.5	中密砂/密砂							
[JAL 11]	日本佐贺	0~15	软黏土；m/c 12%~173%	接近0	17		螺纹钢管桩，砂/水填充	140	20/10~18	3
		15~20	砂及含砂黏土；m/c 30%~150%							
[MOR 94]	日本船桥	0~4.5	黏质细砂	1.1	15		钢管桩，水填充	400	20	1
		4.5~10.5	粉质黏土/黏质粉土							
		10.5~17	细砂							
		>17	粉砂							
[NAG 05]	日本花卷	0~8	含碎石黏土	>8	~13		钢管桩，水填充	145	8.0/1.8	25
		>8	含碎石黏土							
[SEK 05] [SEK 06]	日本千叶	0~4.9	黏土/亚黏土	11	15		钻孔灌注桩	1500	20/6.0	2
		4.9~5.6	黏土（凝灰岩质）							
		5.6~7.7	黏土/粉质黏土							
		>7.7	细砂							
[WOO 09] [WOO 10]	英国 Burton upon Trent	0~3	人工填土（粒状）	c.3	11		钻孔灌注桩	300	10/1.85~2.45	16
		>3	软弱土							

仅考虑地温变化现场实测案例汇总—热性能特性　　表 3.5*b*

参考文献	位置	热性能						
		单根桩循环管数量	时间(d)	输入温度(℃)	流速(l/hr)	功率输出(W/m)	导热系数	COP/SCOP
[BRE 10]	美国德州列治文	2	3~4	40~45	—	—	2.9~3.3	—
[JAL 11]	日本佐贺	1（砂）	1	27	120、240、480	25~32	—	—
		1（水）	1			37~55	—	—
		4（砂）	1			27~40	—	—
[MOR 94]	日本船桥	1	3×9h	30~40	3900	放热：120~140	—	—
			3×4h	10~3	1800	吸热：70~85	—	—
[NAG 05]	日本花卷	1	50	0	360	20	—	—
[SEK 05] [SEK 06]	日本千叶	8	68	降到 c.3	1980	2003 放热：110 2004 放热：210	—	2~6 5.5~3.7
			100	保持在 17		2003 吸热：50	—	1.5~4.5
[WOO 09] [WOO 10]	英国 Burton upon Trent	1	200	—	—	26	—	3.5

仅考虑桩基循环温度变化现场实测案例汇总—土层及基础概况　　表 3.6*a*

参考文献	地点	土层分布				基础概况			
		深度(m)	描述	GWL(m)	温度(℃)	类型	直径(mm)	长度及间距(m)	数量
[GAO 08a]	中国上海	20~27	松散砂质粉土	c.1.5	18	钻孔灌注桩	600	25/>15m	4
		>20~27	硬黏土						
[KAT 09]	日本石狩	0~8	含粉土的细砂	1~2	9	水填充的空心预制混凝土桩	500	25/6.0	1
		8~15	含细砂/粉土的砂砾						
		>15	粉土			水填充的空心钢管桩	267	25/6.0	3
							400		5
							600、800、1200	15	1
[NAG 05]	日本札幌	0~3.5	表层土（回填土）	2.6	9	水/乙醇填充的空心钢管桩	165	40/10	2
		3.5~7.7	黏土/泥炭土						
		7.7~17	细砂				400		2
		17~31	粉土（风化灰/火山堆积物质）						
		>31	碎石（流速57~94m/y）						

续表

参考文献	地点	土层分布				基础概况			
		深度（m）	描述	GWL（m）	温度（℃）	类型	直径(mm)	长度及间距(m)	数量
[XIA 12]	中国上海	20~27	松砂性黏土及软粉质黏土	c.1.5	18	地下连续墙	1000 thk.	38	—
		>27	硬黏土						

仅考虑桩基循环温度变化现场实测案例汇总—热性能特性 表 3.6b

参考文献	位置	热性能						
		单根桩循环管数量	时间（d）	输入温度（℃）	流速（l/hr）	功率输出（W/m）	导热系数	COP/SCOP
[GAO 08a]	中国上海	2（W）	—	32、35、38	342、684、1026	70~94	5.8~6.2[①]	—
		1				58	3.9	—
		2				90	5.8	—
		3				108	6.9	—
[KAT 09]	日本石狩	1	91	2/25	480、960	70~90	2.6~3.0	
		1			480、960、1440		3.0~3.7	
		1	13×12	25~30			4.5~4.8	
[NAG 05]	日本札幌	1	18~62	2	600~1800	15~20	2.0~2.7	
		1					2.4~3.5	
[XIA 12]	中国上海	—	2/每个试验	32、35、38	700	34~43[②]，50~74[③]，68~99[④]	—	—

①标注为"热传递率"；
②距离开挖面和地表面为150mm的双U形管；
③距开挖面为150mm，距离地表面为750mm的双U形管；
④仅距离地表面为750mm的双U形管。

热力学现场实测案例汇总—土层及基础概况 表 3.7a

参考文献	位置	土层分布				基础概况			
		深度（m）	描述	GWL（m）	温度（℃）	类型	直径（mm）	长度及间距（m）	数量
[AMI 08] [BOU 09]	英国伦敦	0~1.5	人工填土（粗粒）	3.0	18	钻孔灌注桩	600	23	1
		1.5~4.0	砂土及碎石						
		>4.0	硬粉质黏土				30	1

续表

参考文献	位置	土层分布				基础概况			
		深度（m）	描述	GWL（m）	温度（℃）	类型	直径（mm）	长度及间距（m）	数量
[LAL 03] [LAL 06]	瑞士洛桑	0~5.5	极软黏土	0.0	10	钻孔灌注桩	900	25.8	1
		5.5~12	极软黏土						
		12~21.7	松散砂质砾碛						
		21.7~25.3	坚硬"底碛"						
		>25.3	砂岩						
[BRA 06]	奥地利Badschall-erbach	>2~5	崩积土（粉质砂土/黏质粉土）	4~5	10	钻孔灌注桩	1200	9 和 2~8	143
		<10~15	风化节理明显的黏质粉砂						
		>10~15	黏质粉砂						
[BRA 06]	未知	未知	软弱粉土	接近0	—	预应力管桩	0.4×0.4	24 和 1.4~4.0	570
		未知	砂砾						

热力学现场实测案例汇总—热性能特性 表3.7b

参考文献	位置	热性能						
		单根桩循环管数量	时间（天）	输入温度（℃）	流速（l/hr）	功率输出（W/m）	导热系数	COP/SCOP
[AMI 08] [BOU 09]	英国伦敦	2	42	−6.0	—	—	1.52	
		4	42	+56	—	—		
[LAL 03] [LAL 06]	瑞士洛桑	4	30	15~20	—	—	—	—
[BRA 06]	奥地利泉夏勒溪	—	—	—	—	—	—	—
[BRA 06]	未知	—	—	—	—	65	—	—

第4章
能量桩缩尺模型试验研究

Anh Minh Tang & Jean-Michel Pereira & Neda Yavari

4.1　引言

　　能量桩作为一种在土体中进行间歇性储存能源的可持续性技术手段，将地源热泵换热管及其管网与传统桩基础结合，桩体内部给循环换热管提供空间，利用循环导热液体在换热管中的流动，达到建筑物上部结构与桩周土体进行热交换的目的。截止目前，能量桩技术已经在奥地利、德国、瑞士以及英国得到了相对广泛的应用。但是，由于能量桩技术缺乏可靠的技术评估和设计规范指导，在其他国家的应用还相对较少。能量桩的设计主要依据建筑物能源需求及其建筑物主要构成材料的热学特性；然而，目前对于能量桩的工程设计还没有系统性的计算方法。因此，提高对地源热泵技术的了解，研究热交换给桩体带来的力学性能变化，逐渐成为岩土工程研究领域的前沿课题之一。目前的研究方法，主要集中在足尺现场试验、数值模拟以及缩尺模型试验等方面。

　　在本章中，笔者首先对常规桩基础缩尺模型试验进行分析，集中讨论边界条件以及测试技术，使其能够重现现场条件并准确获取能源地下结构工程的力学特性。然后介绍能量桩缩尺模型试验研究，主要观察在热、力耦合作用下桩基的力学特性变化；此外，试验过程中还会对热交换过程进行监测。模型试验结合现场试验以及数值模拟研究所获得的数据结果，将会帮助我们更为全面地了解热、力耦合作用下的能量桩特性。

4.2　常规桩基缩尺模型试验

　　目前针对桩基础力学特性的研究方法主要包括：模型试验、现场试验以及数值模拟等。在这些研究方法中，模型试验研究是岩土工作者最早采用的方法之一。

例如，Cooke 和 Whitaker 等 [COO61] 曾开展过这样的模型试验：试验采用一根直径为厘米级的模型桩，同时采用一个圆柱土样模拟桩周土体；然后将模型桩体放置于圆柱土样中。为了研究桩体的力学特性，Cooke 等在桩顶施加一个竖向荷载，同时测量桩体在土样中的沉降量。该类模型试验需要遵循的原则相对比较简单，因而可以对桩基础的特性进行一个大体的规律性分析。在 Whitaker[WHI57] 开展的试验之后，缩尺模型试验方法被工程界广泛接受并应用。在后续章节中，笔者针对一个已开展的模型试验进行详细地分析，并对采用模型试验方法进行能量桩研究的科学性及合理性进行讨论。

4.2.1　边界条件

在部分模型试验中，土体往往被放置于一个容器壁为刚性的模型槽中 [WHI57，EL 10]。当模型桩承受力学荷载时，容器壁的变形忽略不计，同时土体的表面处于自由应力状态。该类模型试验的不足之处是：模型槽中的土体应力状态会明显低于现场土体的实际应力状态。由于土体以及桩－土接触面的力学特性受到应力状态的影响，因而模型槽中土样的应力状态同实际土体应力状态的不同，将会对桩－土接触面的力学特性产生影响。为了克服这个缺点，Ergun 和 Akbulut[ERG95] 在模型试验过程中，在土体表面安置一个橡胶薄膜袋，通过橡胶薄膜袋充气，在土体表面施加一个约 50kPa 的气压，并在整个试验过程中保持气压值不变；该模型试验系统的其他部分与 Yasufuku 和 Hyde[YAS95] 的模型试验系统相似。土体表层的气压力可以使模型槽中的土体处于相对较高的应力状态，从而使土样的应力状态更接近现场真实应力状态；此种方法已经在地基基础研究中得到较为广泛的应用。目前，相关研究人员已经可以在已知的应力－应变历史及可控的边界条件下开展模型试验，从而让模型试验成为模拟现场试验的重要手段之一 [HOL91]。

由于模型槽尺寸的限制，模型试验量测得到的承载力值与现场真实承载力值相比，仍然存在一定的差异；因此，要求在模型桩和模型槽的尺寸选择时，应当尽可能减小边界效应的影响 [PAI 04]。根据 Parkin 和 Lunne[PAR82] 的试验结果表明，为了尽可能减小尺寸效应的影响，模型槽的直径同桩体直径的比值，在松散砂中应不低于 20、在密实砂土中应不低于 50。模型槽可以采用刚性或柔性墙壁 [CHI 96，WEI 08]；对于刚性槽壁的模型槽，其侧向应力较难控制，因而需要较大的模型槽来减小墙壁刚度的影响 [WEI 08]。根据 Holden[HOL91] 的试验结果表明，柔性槽壁的模型槽中，当应力－应变关系在相对较小时，模型试验能够得到相对较好的模拟。此外，桩体尺寸同土颗粒尺寸的关系（尺寸效应）也同样会影响模型试验结果的可靠性。研究结果表明，当桩径大于土颗粒粒径中值的 100 倍时，其水平摩擦力将不会受到尺寸效应的影响 [WEI 08]。虽然校准过的模型槽在地基基础研究中经常被使用，但其在能量桩的研究中尚未被采用过。

重点考虑土体和结构物所受真实重力及其真实应力场，离心机模型试验可以被用来进行如深基础等岩土结构的缩尺模型试验研究。离心机模型试验的最大优点是可以模拟有效应力随深度线性增长的关系，反映土体真实应力状态（Sakr 和 EI Naggar[SAK 03]）。目前离心机模型试验已经被广泛用于研究桩在不同土体中的相关力学特性。McCartney 和 Rosenberg[MCC 11 第 5 章] 等利用离心机模型试验方法，来研究能源地下结构的热力学响应。

为了研究能量桩，边界的热交换情况也需要进行考虑。模型试验中可以选择足够大的模型槽来放置土体，从而可以假设模型槽的槽壁和槽底的温度变化不会对桩体的热力学特性产生边界效应。模型槽的槽壁和槽底必须满足绝热条件，同时需要考虑土体表面的热交换的影响。

4.2.2　力学荷载加载系统

Whitaker[WHI 57] 采用恒定荷载施加桩顶竖向荷载；El Sawwaf[EL 10] 采用液压千斤顶来替代恒定荷载给桩顶施加荷载，Yasufuku 和 Hyde[YAS 95] 以及 Fioravante[FIO 11] 采用激振器来替代恒定荷载给桩顶施加荷载。Kalantidou[KAL 12] 在其能量桩缩尺模型试验中，采用恒定荷载作为桩顶竖向荷载，同时将热力荷载也作为一个恒定荷载施加在桩顶。与需要更加精确控制的液压千斤顶加载方式相比，恒定荷载这样的试验条件与能量桩的实际运行条件相对更接近。

4.2.3　测试方法

试验过程中，岩土工作者采用了各式各样的方法来测量桩顶竖向荷载作用下桩身轴力沿桩深的分布规律。第一种方法：Cloy 等 [CHO 07] 采用了一种被分为多段模型桩的模块，模块之间装有柱状压力传感器，以测量竖向荷载作用下桩身轴力沿桩深的分布规律。但是，这种分段式桩身模块之间难以安装温度控制系统，因而并不适用于能量桩的测量。另一种方法：利用单根管材制作成模型桩，将应变片沿桩身粘贴于模型桩桩身外表面，以测量桩身不同位置处的竖向应变；试验中的应变片都采用全桥法连接以此达到温度补偿的效果。这种测试方法在 Rosquoet[ROS 04] 及 Choy[CHO 07] 的试验中得到了成功应用。此外，在 Horikoshi 等 [HOR 03] 和 Amatya 等 [AMA 06] 的模型试验中，将应变片粘贴在模型桩桩体的内侧壁；相比较而言，这种方法使得模型桩的制作变的更为复杂。

与在桩体模块之间安装压力传感器 [FIO 11] 等测量方法相比，在研究能量桩的力学特性或者测量桩 – 土之间的摩擦力 [WEI 08] 时，在单根管材上采用全桥法连接的应变片的测量方法具有以下两个技术优势：（1）用单一的金属管材制作成的模型桩，其形状及尺寸并不需要调整就能保证桩体特性在受热阶段不会受到传感器安装的影响；（2）由于桩体的热力膨胀和收缩是各向同性的，全桥法布置的应变片能够使得温度对桩体轴向应变的读数影响最小化。

除了测量桩身的应力状态之外，桩周土体的特性也同样需要观测和分析。Ni 等 [NI 10] 在模型试验中采用透明土材料及 PIV 技术，来研究模型桩在黏土中的沉桩贯入问题，这为如何获得桩周土体的位移场提供了一种新方法。Jardine 等 [JAR 09] 以及 Zhu 等 [ZHU 09] 在其模型试验中测量了土体不同位置处的法向应力；多组试验结果表明，在测量土体的法向应力的时候，如果采用总压式的传感器往往不能直观的获得结果 [JAR 09]；特别是在重力加速度 1g 的常规缩尺模型试验中，应力测量值总是非常的小（不会超过几个 kPa）。然而，当使用离心机模型试验时，模型试验中的土体应力值又是相对较高的 [MCC 11，FIO 11，PAI 04]。

4.2.4　桩体力学特性

在研究桩基础的热力学特性时，针对静荷载作用下的钻孔灌注桩监测的主要内容有：（1）逐渐发挥的桩侧摩阻力 [ZHA 98，BON 95，KON 87，MOH 63]；（2）分级加载时每一级竖向荷载下对应的桩体位移增加值 [MOH 63]；（3）竖向荷载作用下位移随时间的蠕变速率 [BON 95，KON 87，MCC 70]。McCartney 和 Rosenberg 开展了不同温度下的能量桩桩体静荷载试验，其试验结果为理论研究温度对桩顶荷载 – 位移关系曲线的影响提供了实测数据支持。然而，研究温度荷载作用下，不同应力状态下的桩体力学特性也是一件重要的工作。当桩顶作用的上部结构为恒载，且桩基础同时承受加热／制冷循环交替的温度荷载作用时，此类模型桩与现场能量桩的实际情况相近。

4.3　能量桩缩尺模型试验

4.3.1　试验装置

本节针对能量桩力学特性开展缩尺模型试验研究，该项目由法国研究机构 PINRJ 计划资助支持。该模型试验所采用的试验装置如图 4.1 所示，模型尺寸和测试元器件布置示意图如图 4.2 所示。在模型桩体上部结构中放置一个水箱，通过增加水箱内的水量以增加桩顶荷载量，从而实现桩顶荷载逐级加荷的目的；同时，利用安置于桩顶的压力传感器，来测量桩顶竖向荷载量；利用安置于桩顶的位移传感器，来测量桩顶位移量。

试验所采用的模型桩为封口的铝管，其内、外径分别为 18mm 和 20mm。五个全桥法布置的应变片（图 4.2 中 G1~G5）粘贴于模型桩体外表面，距桩底端距离分别为 100，200，300，400，500mm。同时，模型桩体外表面粘贴有砂层，以此提高桩－土接触面摩阻力。

试验所采用的模型槽直径为 548mm、高度为 880mm。根据 Parkin 和 Lunne[PAR 82] 研究结果表明，模型桩桩径与试验土样的颗粒粒径之间的比值大于 20 时基本可以消除材料尺寸效应的影响。此外，桩端距离模型槽底部距离为 250mm（大于 12.5 倍的桩径）。

模型试验采用了一套温控循环浴设备系统进行加热和制冷，从而达到控制桩体温度的目的。该设备系统允许的温控范围为 −20~150℃。在进行温度循环时，内部储水池内装满液体（本节试验为水）；该循环浴设备系统同放置在桩体内部的 U 形管相连接（图 4.1），U 形管内同样装满水以提高试验时桩体内部温度场的均匀性。本节模型试验所采用的 U 形管内径为 2mm。

为了更好地观测温度场情况，除了粘贴于模型桩桩体表面的三个温度传感器（T1，T2 和 T3）之外，有一个温度传感器（S1）被放置于距离桩底端 300mm 处的模型桩桩体内部。其余的温度传感器（S2~S12）分别布置在桩周土体内部的不同深度位置处；为了测量桩周土体内的法向应力，在不同位置布置 10 个压力传感器（图 4.2）。压力传感器的直径为 6mm、厚度为 0.8mm、量程为 0~100kPa。

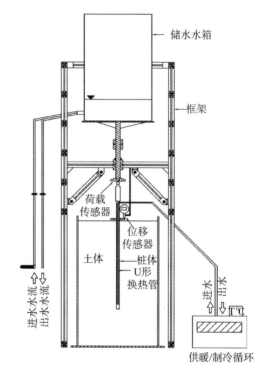

图 4.1 能量桩缩尺模型试验布置示意图

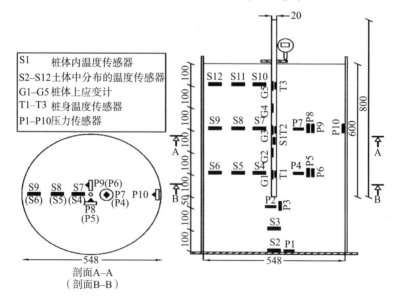

剖面 A–A
（剖面 B–B）

图 4.2 能量桩缩尺模型试验测试元器件布置图（单位：mm）

4.3.2　热力耦合作用下能量桩力学特性

Kalantidou 等 [KAL 12] 采用了一个与前述相似的试验装置，来研究能量桩在供暖 / 制冷循环过程中温度荷载作用下的力学特性。试验中桩周土体是干密度为 1.51mg/m³（相对密实度为 46%）的 Fontainebleau 砂。由前文所述，试验材料尺寸效应的影响程度，与试验中模型桩桩径与土颗粒粒径之间的比值相关；本节试验模型桩桩径（20mm）与试验土体颗粒平均粒径（D_{50}=0.23mm）的比值为 87。Foray 等 [FOR 98]、Garnier 和 Konig[GAR 98] 以及 Fioravante[FIO 02] 所建议的桩径与土颗粒粒径比值分别为 200、100 和 50。基于试验中所获得的荷载－位移关系曲线，以桩顶位移达到桩径的 10% 时所对应的荷载作为极限荷载，从而可估算出该模型试验中桩体的极限荷载值为 525N。

针对不同竖向荷载作用下，加热 / 制冷循环温度荷载下模型桩的热力学特性进行了模型试验。200N 竖向荷载（极限荷载值的 38%）下桩体温度与桩顶位移试验结果如图 4.3 所示。由图 4.3 可见，桩顶上抬且位移值随着温度的升高而逐渐增加（图 4.3b）；与之对应的温度变化曲线由温度传感器 S1 获得（图 4.3a）。加热 / 制冷循环温度荷载下桩顶沉降值与桩体温度关系曲线如图 4.3（c）所示。同时，铝制桩体在温度荷载作用下的自由膨胀收缩曲线也如图 4.3（c）所示。以桩体在桩底端为固定约束的边界条件下，由温度变化引起的桩顶位移曲线作为参考曲线。试验结果表明，在首次加热过程中，位移－温度变化曲线与桩体热膨胀曲线具有相似的斜率，随后制冷过程中逐渐加入热收缩曲线。同时，在两个循环过程中都可以观察到滞后现象，形成了加热和制冷过程的分界。

当桩顶作用 400N 恒定竖向荷载（极限承载力的 76%）时，加热 / 制冷过程中温度荷载下能量桩的热力学特性如图 4.4 所示。由桩顶荷载－位移关系曲线可知，第一次循环过后桩顶累积位移为 0.4mm（图 4.4b）；而当桩顶作用的竖向荷载值较低时，这一位移值变化并不明显。

由图 4.4（c）可知，在第一个加热过程中，桩顶的抬高值显著低于桩体自由热膨胀时的位移值；制冷过程中，桩顶的位移曲线却与桩体的热冷缩曲线趋势相类似；第二次加热过程引起的桩顶位移上升及位移－温度曲线的斜率较第一次加热过程都有所提高，但仍低于桩体自由膨胀曲线；桩体在第二次制冷过程中的特性和第一次制冷过程相似，最终两次热循环之后的桩顶总位移量为 0.5mm。

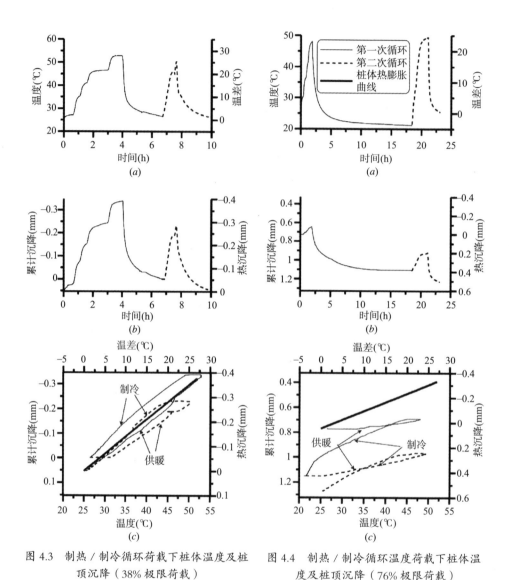

图 4.3 制热／制冷循环荷载下桩体温度及桩顶沉降（38% 极限荷载）

图 4.4 制热／制冷循环温度荷载下桩体温度及桩顶沉降（76% 极限荷载）

基于图 4.1 和 4.2 所示的试验装置，除了能获得类似 Kalantidou 等 [KAL 12] 试验中的热循环下桩顶荷载－位移关系曲线之外，还能测量获得竖向荷载作用下桩身轴力沿桩深的分布规律以及桩周土体中的一些其他参数。下文展示的是模型桩桩体在 200N 的恒定竖向荷载作用下，经历一个加热／制冷循环试验时表现出来的热力学特性。

不同试验阶段，桩身轴力沿桩深的分布规律曲线如图 4.5 所示。桩身轴力沿桩深方向表现出逐渐减小的趋势，桩顶处竖向力为 200N、而在距离桩顶 500mm 处的轴力减小为 150N。这是由于当桩顶作用有力学荷载时，桩侧摩阻力发挥作用，承担了部分竖向荷载，使得桩身轴力沿桩深方向递减所造成的。与此不同的是，加热 / 制冷循环过程中，尽管桩顶竖向荷载保持 200N 不变，热效应产生的额外竖向力却使得桩身轴力逐渐增加。

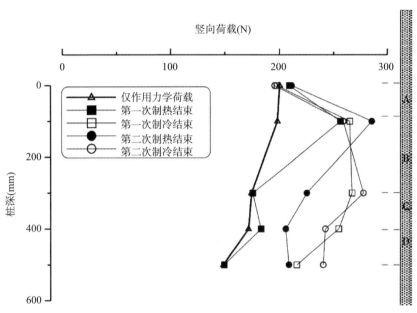

图 4.5　加热 / 制冷循环温度荷载下桩身轴力沿桩深分布规律（200N 竖向荷载）

当桩顶作用一个 200N 的竖向荷载，经历制热 / 冷却循环过程中土体不同位置处总应力测量值的变化情况如图 4.6 所示。尽管试验中土体总压力较小（约为几千帕）、土压力的变化值也相对较小，但是仍然能够通过试验中所采用的传感器进行捕捉。实测结果表明，桩周土的总压力在热循环时会有轻微的变化。

4.3.3　热量交换

通过安装在桩体和土体内不同位置的温度传感器可以观测热交换过程的温度变化规律。加热 / 制冷循环试验中所得的实测桩体与桩周土体温度变化规律如图

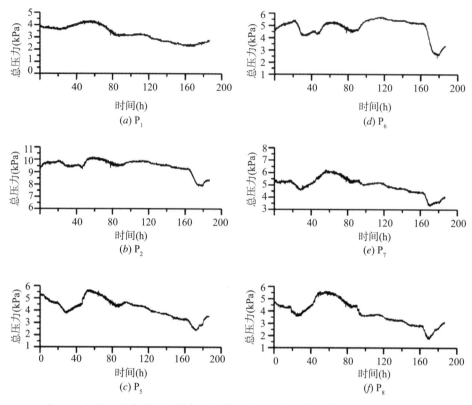

图 4.6 加热 / 制冷循环过程中土体总压力随时间变化曲线（200N 竖向荷载）

4.7 所示。沿桩身安置的三个温度传感器（T1、T2 和 T3）实测值相差较小，但与桩体内埋设的温度传感器（S1）实测值之间存在显著差异（图 4.7a）。这一现象表明，试验过程中模型桩桩体内部也同样存在有热交换过程，即从换热管向桩侧壁进行热传递。通过埋设在桩底以下土体中的温度传感器（S2 和 S3）实测值可知，桩体的温度变化（从 10℃到 30℃）对这些位置土体温度影响很小（土体温度仅从 18℃变化至 20℃），如图 4.7（b）所示。通过桩侧土体内依次埋设的温度传感器（S4-S12，图 4.7c~e）可以得到桩周土体温度场；实测量值结果表明，距离桩体位置越近，土体的温度变化值越大；由此表明，热循环过程中热能通过径向辐射进入土体。

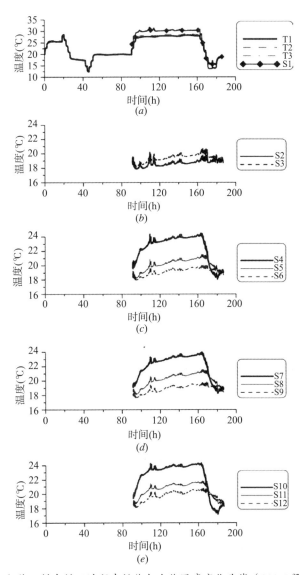

图 4.7　加热 / 制冷循环过程中桩体与土体温度变化曲线（200N 竖向荷载）

4.3.4　桩－土接触面

根据桩身轴力分布特性规律，可以获得力学荷载和温度荷载作用阶段，不同区域位置处（图 4.5 中的 A—D 区域）桩侧摩阻力发展规律。力学荷载或温度荷载作用下，不同桩身深度处侧摩阻力与桩顶位移关系曲线分别如图4.8和图4.9所示。由图4.8和图4.9可知，在力学荷载加载阶段，桩体所发挥的侧摩阻力随桩深增加而增加；加热/制冷循环温度显著改变了桩体侧摩阻力的分布情况，同时区域A和区域B发挥的侧摩阻力方向相反。需要注意的是，为了能够获得热应力引起的位移，需在施加温度循环之前测量纯力学荷载作用下桩顶位移，并将其从热力耦合作用下的总位移量中减去。

4.3.5　试验结果与分析

当模型桩所承受的力学荷载在0~500N的范围内时，可以假定模型桩桩体为不可压缩。事实上，当施加一个525N的恒定桩顶荷载时，模型桩桩体长度方向整体压缩量也仅为0.076mm。基于桩体不可压缩假定，实测的加载阶段桩顶的位移值也就等于桩底的位移值。当模型桩所受竖向荷载较小时，加热引起的桩体热膨胀以及桩顶位移，与参考桩体（当桩体底部固定约束，温度升高引起的桩顶）的热膨胀曲线相类似。由此表明，桩端承载力仅发挥了很小的一部分，远低于桩端极限承载力。在桩身某些位置，桩体受热引起的轴向膨胀可能会使得该部分的侧摩阻力方向反转。考虑到土体对桩体的膨胀趋势起到限制作用，这种限制作用将会在桩底产生一个额外的应力（Laloui等 [LAL 03] 以及Bourne-Webb[BOU 09] 对此现象进行了解释）；不过，热膨胀在桩底引起的应力并不会在桩底处产生沉降；这个现象与其他相对更大比例尺模型试验结果（加热在桩底引起的应力会产生额外的位移以及不可恢复的塑形应变）存在一定差异。这也解释了为什么加热阶段所观测到的桩顶抬高值明显低于桩体受热自由膨胀曲线中所对应的值（图4.4），同时也解释了在很多试验中，热循环后观测到不可恢复的沉降量。

在加载阶段所得到的竖向荷载下桩身轴力分布曲线（图4.5）以及桩体表面摩阻力分布曲线（图4.8）均展示了应变计所采集的力学加载阶段以及热应力加载阶段桩体的力学特性。到目前为止，已有现场试验研究中还很少采用更为复杂的技术手段 [LAL06，BOU09]；在Kalantidou等 [KAL 12，WAN 11] 开展的能量桩缩尺模型试验研究中，也未测量竖向荷载下桩身轴力的分布情况。现场试验结果表明，竖向荷载实测值对于分析桩体在热力耦合荷载作用下的特性有着非常重要的意义。

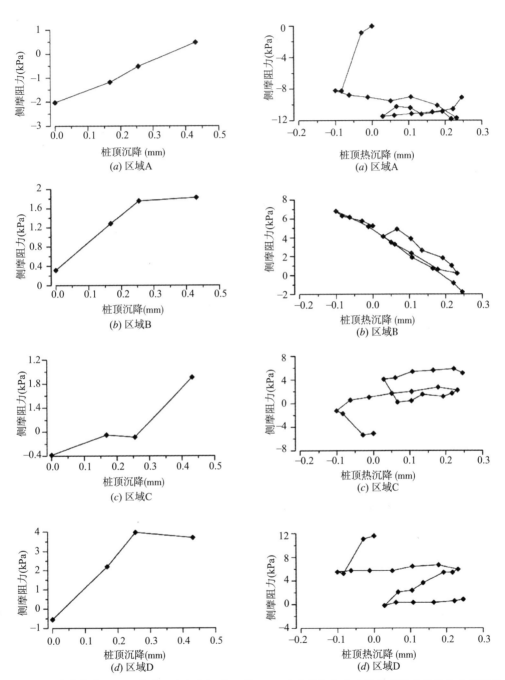

图 4.8　力学荷载作用下桩身摩阻力分布规律　图 4.9　温度引起热应力作用下桩身摩阻力分布规律

4.4　本章小结

缩尺模型试验方法在桩基础力学特性研究上已经得到了相当广泛的应用。在4.2节中，笔者回顾了现有常规桩基础缩尺模型试验的研究方法，并着重讨论了边界条件、加载系统、测试方法以及桩体特性等问题。这些分析都是为了将缩尺模型试验运用到能量桩的热力学特性研究中做铺垫。

在本章4.3节中，详细展示了一个针对能量桩力学特性研究的缩尺模型试验。该模型试验的试验装置包括：能量桩（桩径20mm、桩长800mm）、模型槽及试验土样，加热/制冷循环装置以及加载装置（水箱）等。该试验在土体内安置了一系列传感器（如，温度传感器、土压力传感器等），桩体上也同时安置了测量设备（如，应变计和温度计），同时，桩顶处还安置了位移传感器和压力传感器。

该模型试验针对不同竖向荷载、不同热应力作用下桩基础的力学特性进行了研究。从研究桩顶位移的角度出发，当桩顶作用的竖向荷载值低于桩体极限承载力的40%时，在热应力作用后桩体表现出"热弹性"现象；而当桩顶作用的荷载值超过桩体极限承载力的40%的情况下，在热应力作用后桩顶位移开始出现不可恢复的塑性变形，其竖向荷载－位移关系曲线在热力循环作用下，发生了明显的变化。研究结果还表明，在部分区域，温度变化引起侧摩阻力的方向在加热/制冷循环过程中也发生了变化；桩周土体总应力也同样出现变化。最终，土体内不同位置温度传感器的测量结果表明，能量桩热传递时是沿桩体径向扩散，由桩体传向桩周土体。

致谢

本章研究成果受法国国家研究署项目PiNRJ"能量桩地基力学研究"资助（编号：ANR 2010 JCJC 0908 01），本章作者对此表示衷心的感谢。

参考文献

[AMA 06] AMATYA B.L., TAKEMURA J., KHAN M.R.A., *et al.*, "Centrifuge modelling on performance of natural clay barrier with piles", *International Journal of Physical Modelling in Geotechnics*, vol. 6, no. 4, pp. 1–18, 2006.

[BON 95] BOND A.J., JARDINE R.J., "Shaft capacity of displacement piles in a high OCR clay", *Géotechnique*, vol. 45, no. 1, pp. 3–23, 1995.

[BOU 09] BOURNE-WEBB P., AMATYA B., SOGA K., *et al.*, "Energy pile test at Lambeth College, London: geotechnical and thermodynamic aspects of pile response to heat cycles", *Géotechnique*, vol. 59, no. 3, pp. 237–248, 2009.

[CHI 96] CHIN J.T., POULOS H.G., "Tests on model jacked piles in calcareous sand", *Geotechnical Testing Journal*, vol. 19, no. 2, pp. 164–180, 1996.

[CHO 07] CHOY C.K., STANDING J.R., MAIR R.J., "Stability of a loaded pile adjacent to a slurry-supported trench", *Géotechnique*, vol. 57, no. 10, pp. 807–819, 2007.

[COO 61] COOKE R.W., WHITAKER T., "Experiments on model piles with enlarged bases", *Géotechnique*, vol. 11, no. 1, pp. 1–13, 1961.

[EL 10] EL SAWWAF M., "Experimental study of eccentrically loaded raft with connected and unconnected short piles", *Journal of Geotechnical and Geoenvironmental Engineering*, vol. 136, no. 10, pp.1394–1402, 2010.

[ERG 95] ERGUN M.U., AKBULUT H. "Bearing capacity of shaft-expanded driven model piles in sand", *Géotechnique*, vol. 45, no. 4, pp. 715–718, 1995.

[FIO 02] FIORAVANTE V., "On the shaft friction modelling of non displacement piles in sand", *Soils and Foundations*, vol. 42, no. 2, pp. 23–33, 2002.

[FIO 11] FIORAVANTE V., "Load transfer from a raft to a pile with an interposed layer", *Géotechnique*, vol. 61, no. 2, pp. 121–132, 2011.

[FOR 98] FORAY P., BALACHOWSKI L., RAULT G., "Scale effect in shaft friction due to the localisation of deformations", *Proceedings of the International Conference Centrifuge 98, Tokyo*, vol. 1, Balkema, Amsterdam, the Netherlands, pp. 211–216, 1998.

[GAR 98] GARNIER J., KONIG D., 1998, "Scale effects in piles and nail loading tests in sand", *Proceedings of the International Conference Centrifuge 98, Tokyo*, vol. 1, Balkema, Rotterdam, pp. 205–210, 1998.

[HOL 91] HOLDEN J.C., "History of the first six CRB calibration chambers", *Proceedings of the 1st International Symposium on Calibration Chamber Testing*, Potsdam, pp. 1–11, 1991.

[HOR 03] HORIKOSHI K., MASTUMOTO T., HASHIZUMB Y., *et al.*, "Performance of piled raft foundations subjected to static horizontal loads", *International Journal of Physical Modelling in Geotechnics*, vol. 2, no. 2, pp. 37–50, 2003.

[JAR 09] JARDINE R.J., ZHU B., FORAY P., *et al.*, "Experiment arrangement for investigation of soil stresses developed around a displacement pile", *Soils and Foundations*, vol. 49, no. 5, pp. 661–673, 2009.

[KAL 12] KALANTIDOU A., TANG A.M., PEREIRA J.M., *et al.*, "Preliminary study on the mechanical behaviour of heat exchanger pile in physical model", *Géotechnique*, vol. 62, no. 11, pp. 1047–1051, 2012.

[KON 87] KONRAD J.-M., ROY M., "Bearing capacity of friction piles in marine clay", *Géotechnique*, vol. 37, no. 2, pp. 163–175, 1987.

[LAL 03] LALOUI L., MORENI M., VULLIET L., "Comportement d'un pieu bi-fonction, fondation et échangeur de chaleur", *Canadian Geotechnical Journal*, vol. 40, no. 2, pp. 388–402, 2003.

[LAL 06] LALOUI L., NUTH M.,VULLIET L., "Experimental and numerical investigation of the behaviour of a heat exchanger pile", *International Journal for Numerical and Analytical Methods in Geomechanics*, vol. 30, no. 8, pp. 763–781, 2006.

[MCC 70] MCCAMMON N.R., GOLDER H.Q., "Some loading tests on long pipe piles", *Géotechnique*, vol. 20, no. 2, pp. 171–184, 1970.

[MCC 11] MCCARTNEY J.S., ROSENBERG J., "Impact of heat exchange on side shear in thermo-active foundations", *Proceedings of the Geo-Frontiers 2011 Conference*, vol. 211, ASTM, Geotechnical Special Publications (GSP), pp. 488–498, 2011.

[MOH 63] MOHAN D., KUMAR V., "Load-bearing capacity of piles", *Géotechnique*, vol. 13, no. 1, pp. 76–86, 1963.

[NI 10] NI C., HIRD C., GUYMER I., "Physical modelling of pile penetration in clay using transparent soil and particle image velocimetry", *Géotechnique*, vol. 60, no. 2, pp. 121–132, 2010.

[PAI 04] PAIK K., SALGADO R., "Effect of pile installation method on pipe pile behaviour in sands", *Geotechnical Testing Journal*, vol. 27, no. 1, pp. 78–88, 2004.

[PAR 82] PARKIN A.K., LUNNE T., "Boundary effects in the laboratory calibration of a cone penetrometer for sand", *Proceedings of the 2nd European Symposium on Penetration Testing*, vol. 2, pp. 761–768, 1982.

[ROS 04] ROSQUOET F., Pieux sous charge latérale cyclique, PhD Thesis, Ecole Centrale de Nantes, France, 2004.

[SAK 03] SAKR M., EL NAGGAR M.H., "Centrifuge modelling of tapered piles in sand", *Geotechnical Testing Journal*, vol. 26, no. 1, pp. 22–35, 2003.

[WAN 11] WANG B., BOUAZZA A., HABERFIELD C., "Preliminary observations from laboratory scale model geothermal pile subjected to thermo-mechanical loading", *Proceedings of the Geo-Frontiers 2011 Conference*, vol. 211, ASTM, Geotechnical Special Publications (GSP), pp. 430–439, 2011.

[WEI 08] WEINSTEIN G.M., Long-term behavior of micropiles subject to cyclic axial loading, PhD Thesis, Polytechnic University, 2008.

[WHI 57] WHITAKER T., "Experiments with model piles in groups", *Géotechnique*, vol. 17, no.4, pp. 147–167, 1957.

[YAS 95] YASUFUKU N., HYDE A.F.L., "Pile end-bearing capacity in crushable sands", *Géotechnique*, vol. 45, no. 4, pp. 663–616, 1995.

[ZHA 98] ZHANG L., MCVAY M.C., LAI P., "Centrifuge testing of vertically loaded battered pile groups in sand", *Geotechnical Testing Journal*, vol. 21, no. 4, pp. 281–288, 1998.

[ZHU 09] ZHU B., JARDINE R.J., FORAY P., "The use of miniature soil stress measuring cells in laboratory applications involving stress reversals", *Soils and Foundations*, vol. 49, no. 5, pp. 675–688, 2009.

第5章
能量桩离心机缩尺模型试验研究

John S. McCartney

5.1 引言

尽管将换热管与深基础设施（能源基础）相结合，可以节省地源热泵热交换系统的安装费用 [BRA 98，ENN 01，BRA 06]；但是，这种结合同时也会产生一个问题：土体及地基基础可能因为热膨胀和收缩而引起基础变形。进一步地，当土体与结构的接触面限制基础的这种变形时，将导致热应力的产生。已有现场试验研究对土体－结构接触面的热力耦合特性进行了专门分析 [LAL 06，BOU 09，LAL11，AMA 12，MCC 12]，并给出了可以预测加热以及制冷阶段轴向应力和应变的计算模型。但是，这些基于现场实测数据所建立的经验模型 [KNE 11，PLA 12]，其模型参数和预测结果的准确性需要校准；尤其是当能量桩位于软弱土或非饱和土等特殊土中时。通过离心机模型试验测定土体－结构接触面经验公式模型参数，是一个很有效地解决该问题的技术方法。首先，离心机物理模型试验中的缩尺结构模型及土层情况容易控制，且相比于现场试验，不同布置方式的研究费用较少；其次，离心机物理模型试验中能源基础可以加载至破坏，分析温度对荷载－位移关系曲线的影响规律；反算极限状态下桩侧摩阻力和桩端阻力之间的分配关系，从而更有效地确定土体－结构接触面的模型参数。

此外，离心机缩尺模型试验中可以埋设测量元器件，以监测温度引起的地基应力和应变，从而验证土体－结构接触面模型，并运用到有限元数值模型计算分析中。离心机模型试验中，着重针对土体－结构的接触面中端阻力和侧摩阻力的热力耦合作用进行观测分析；主要包括温度引起的径向应力对侧摩阻力的影响，端部的边界条件（地基底部以及顶部）的影响，温度对应力－应变关系曲线的影响等。

本章首先简要回顾了缩尺模型试验相似比问题，继而分析了与热传导相关的

离心机模型试验且介绍了缩尺能源地下结构的研究现状，最后介绍了确定土体 -
结构接触面模型参数的过程及典型结果。本章主要讨论非饱和土中半悬浮摩擦型
（即基础底部位于软弱土中）能源地下结构离心机模型试验。

5.2　土体 - 结构接触面热力响应特性

对能源基础加热或制冷时，能源基础将会发生膨胀或收缩，且与基础端部的
边界条件相关。能源基础在加热或制冷过程中热应变的上限值为 $\varepsilon_{T, free}$ ；当能源
基础端部无约束时，能量桩的轴向热应变可以通过下式进行计算：

$$\varepsilon_{T, free} = \alpha_c \Delta T \tag{5.1}$$

式中，α_c 为钢筋混凝土的线膨胀系；ΔT 是温度的变化值。

热应变中，规定压缩为正、膨胀为负。当基础结构单元受热（即 ΔT 为正）
膨胀时，α_c 值为负。根据骨料组成情况的不同，素混凝土的热膨胀系数为 $-9 \sim$
$-14.5 \mu \varepsilon/℃$，钢筋的热膨胀系数为 $-11.9 \sim -13 \mu \varepsilon/℃$ [BOU 09，STE 12]；由此可见，
混凝土和钢筋两种材料的热膨胀系数非常相近，即钢筋混凝土两种材料组合应用
时并不会产生明显的热应变差值。当能源基础端部有约束时，实际产生的热应变
会比公式（5.1）的计算值相对要低。此时，能量桩的轴向热应力值可根据下式计算：

$$\sigma_T = E \ (\varepsilon_T - \alpha_c \Delta T) \tag{5.2}$$

式中，E 为钢筋混凝土的杨氏模量；ε_T 为热应变的实测值。

对于埋于土体或岩体中的现场能量桩，能源基础受热时引起的位移或位移趋
势受到土体 - 桩体接触面摩擦力的限制。与此同时，侧摩阻力、端阻力以及与上
部结构物对能量桩的约束条件等情况，都将会导致热应力及应变产生重分布 [LAL
06，BOU 09，AMA 12，MCC 12]。

5.3　离心机模型试验原理

离心机模型试验是根据几何相似性原理，将缩尺后的土层和结构物放置于离
心机内高速旋转，离心机产生一个 N 倍地球重力加速度的向心力使模型产生一

个较大的体力；使缩尺模型中土层的应力状态（放大 N 倍）与现场原状土层应力状态相同，而建立起来的一种试验方法 [KO 88，TAY 95]。基于几何相似性原理，可以利用能源基础缩尺模型的荷载－位移关系曲线以及土体－结构接触面的热响应现象，模拟推测现场原状地基的实测值。离心机模型试验通过将地基的尺寸按照 1：N（模型：原型）的比例尺进行缩小，使得基础中的应变同原位应变的比值变为 1：1、作用力的比值为 1：N^2[KO 88，TAY 95]。能源基础缩尺模型中有一个特别需要注意的内容，即离心机模型试验中温度场并不会随着重力加速度的增加而变化。Krishnaiah 和 Singh[KRI 04] 在模型槽内放置石英砂干样，并在石英砂内安置一个圆柱状的热源；而后在不同重力水平向心加速度下进行离心试验，并测量石英砂的温度场分布情况，研究结果表明，离心加速度并不会引起热流传递过程的变化。然而，如果将热流在空间中进行放大，即将其从离心机缩尺模型放大回原状（假设试验中所有物体的热传导系数不变），离心机缩尺模型内进行同样的热流传递速率将是现场的 N^2 倍（即传导速率的比例尺为 1：N^2）。Savvidou[SAV 88] 从扩散方程中得出了上述热传导的长度相关比例尺。与此同时，温度的缩尺同样表明了模型基础周围将会有很大体积的土体受到温度变化的影响。土体的体积会随着温度的变化而变化，所以如果基础周围大量的土体都受到温度的影响，那么基础与土体在温度影响下体积变化的差值也将会被放大。在这样的情况下，离心机模型试验的结果将会是现场实际能源基础中可能发生的最坏结果。将离心机模型试验的数据结果带入数值模拟中进行修正是解决缩尺问题的一种有效方法。但是，如果试验的目的是为了研究温度对能源基础荷载－位移关系曲线的影响，那么试验时间应当足够长以使其达到稳态；如果试验是为了研究温度对能源基础中竖向荷载分布的影响，那么试验应当持续到应变稳定、基础温度达到某一固定值且不再变化时。这些试验过程所需要的时间与土层类型相关。

5.4　离心机模型组成

5.4.1　模型制作及其特点

本节针对两根摩擦型能量桩进行缩尺模型试验分析。第一根能量桩（称为工况 A）是一个简单的能源基础模型，其目的在于分析温度对地基荷载－位移关系曲线的影响；第二根能量桩（称为工况 B）包括有埋入桩体及桩周土体里的测量装置，其目的在于分析温度对钢筋混凝土桩身的应力－应变关系分布的影响。两根能量桩模型桩长均为 381mm，工况 A 的直径为 76.2mm、工况 B 的直径为 50.8mm。两根能量桩模型试验都是在 24 倍重力加速度下进行，根据相似性原理，两者所代表的原型桩基尺寸：桩长均为 9.1m、桩径分别为 1.8m 和 1.2m。能量桩缩尺模型尺寸和测试元器件布置示意图如图 5.1 所示。

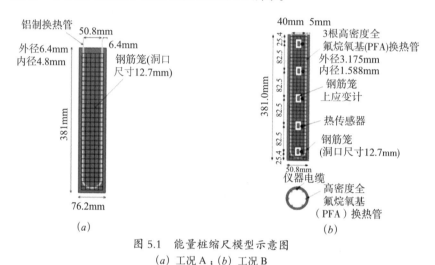

图 5.1　能量桩缩尺模型示意图
(a) 工况 A；(b) 工况 B

工程现场钻孔灌注桩多为现场浇筑，由于本节能量桩桩体内需要布置钢筋笼和换热管以及预埋大量的测量元器件，因此采用预制方法进行制作。这也使得能量桩基础能够在后续试验中得到重复利用，同时预制能量桩基础还可以在土体外进行试验，便于对其热力学特性进行分析。实际过程中，通过向含有钢筋笼的硬纸板模具中倒入混凝土来制作能量桩基础。其中，所用细骨料是级配均一、颗粒粒径为 0.5mm 的砂土；粗骨料为最大颗粒粒径小于 6mm 的砂石（这是为了能够让混凝土砂浆顺利通过钢筋笼的间隙）。工况 A 钢筋笼上绑扎一个直径相对较大的铝制换热管，工况 B 钢筋笼上绑扎 3 个直径相对较小的高密度全氟烷氧基(PFA)换热管；通过三个换热管回路，工况 B 可以使得热量在能量桩内部分布的相对更均匀。此外，工况 B 中还在钢筋上安置 5 个应变计和热电偶。选择与钢筋有着相似热膨胀系数的应变计，可以确保其在加热/制冷循环交替中仍然保持稳定的读数。安装应变计前，首先涂上耐温的 M-Bond AE-15 型粘合剂，然后将应变计粘贴于 30mm 长狗骨形状且两端留孔的钢片上。试验中所采用的粘合剂最高可以承受 85℃的温度，且在冷热交替循环中保持粘合，不会像其他只能在室温下工作的粘合剂那样脱落。

为了确定试验中钢筋混凝土材料的热力学特性，在将工况 B 能量桩放入土层前，对其在常规重力加速度（1g）下进行一系列的基本特性试验，试验结果见 Stewart[STE 12]。第一组试验：常温条件下常规桩基静载荷试验。试验过程中固定能量桩布置的位置，且保持竖向荷载处于桩顶中心位置以防止桩体弯曲。通过试验中应变计以及位移传感器（LVDT）的读数，可以计算出工况 B 中钢筋混凝土材料的杨氏模量为 7.17GPa；该值比现场浇筑成的钢筋混凝土杨氏模量值要低，这主要是由于其骨料尺寸比现场浇筑中采用的骨料尺寸要小造成的。通过换热液在预先埋设的换热管中的循环流动，将能量桩加热至 62℃，随后让能量桩在此轴向应力作用下自由膨胀，由此可以得到钢筋混凝土材料的线性膨胀系数（α_c=-7.5$\mu\varepsilon$/℃，$\mu\varepsilon$ 为微应变）。试验中每个应变计的热响应并不相同，这可能是因为用于粘贴应变片的粘合剂固化时导致的不同。然而，理论上来说，自由膨胀情况下，沿桩身不同位置的热应变应该是相同的，因此试验中需要通过位移传感器的实测值来确定一个热应力修正系数。此外，在采用任何一个修正系数之前，所采用的应变计都需要针对其热偏差差值以及钢片（测量所得线膨胀系数 α_c=-8.5$\mu\varepsilon$/℃）和钢筋混凝土的膨胀性差异进行校准 [STE 12]。

5.4.2 试验装置

图 5.2（a）和（b）分别给出了试验工况 A 和工况 B 所用的模型槽及模型桩与测试元器件布置示意图。两组试验工况中，所采用的模型槽都是铝制圆筒，其内径为 0.6m、壁厚为 13mm、高为 0.54m。模型槽内侧壁安装一层 13mm 厚的隔热层以防止热量流出圆筒壁（无热流边界条件）。为了给随后的加载试验提供一个刚度相对较大的加载平台，因此，不宜在模型槽底部安装隔热层；从而模型槽底部允许少量的热量损失。通过水平安装在反力架上的直流电机马达和竖向传动螺杆联合给桩体施加荷载；利用安装在传动螺杆上的压力传感器监测所施加的荷载值，并通过力回馈控制以保持桩顶承受恒定荷载。模型槽和加载装置的其余部分在 [STE12] 文中进行介绍，此处不再赘述。两组试验的布置也略有不同：工况 A 的试验目的在于测量温度对荷载－位移关系曲线的影响，所采用的方式是试验过程中在同样的模型槽中安放 4 根相同的能量桩，保持 4 根能量桩的桩周土体条

件相一致；每根单桩之间保持一定的间距，以保证其在承受热荷载和力学荷载时相互影响最小化，如图5.2（a）所示。工况B的试验目的则是为了对能量桩的应力－应变关系曲线的分布规律进行研究，用以验证数值模拟结果的可靠性，所以工况B的模型槽中能量桩布置在模型槽的中央。

模型槽中测试元器件布置分布示意图如图5.2所示。在模型槽上部横跨一支撑横梁，横梁上连接磁性支座，利用磁性支座在能量桩桩顶布置位移传感器（LVDT）。工况A的不同径向位置土体中埋设3个温度传感器探头，用以测量桩周土体的瞬态温度变化值；从而顺利确定热量的传导过程。工况B中还安装有绝缘体传感器（Decagon Devices生产的EC-TM型），用来测量能量桩受压过程中桩周土的体积含水率和温度。

试验温度控制系统采用由Julabo公司生产的F25-ME型制冷／加热循环器，该装置在离心机外部运行。通过水压滑动环栈同工况B中的能量桩进行连接，如图5.3所示。试验所用加热泵的允许工作温度范围为−28℃~200℃。在进水管线内安装一个内嵌式的大容量筒流泵，用以给能量桩换热管内液体提供一个流速

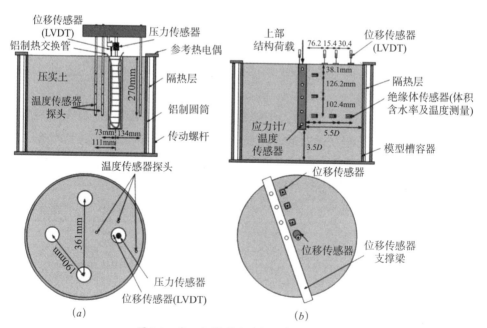

图5.2　离心机模型试验仪器布置示意图
(a)极限承载力；(b)热应变测试

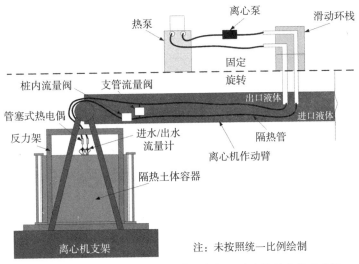

图 5.3　离心机中模型容器、加载反力架及温度控制系统示意图

5mL/s 的水流，并确保水流在换热管中的流动形式为紊流以克服潜在的摩擦损失。换热管中采用的换热液体的详细情况见 [MCC11] 和 [STE12]，此处不再赘述。设置在能量桩外部的流量阀和支管流量阀也是温度控制系统的重要组成部分。在预热换热液体时，可以将支管流量阀打开，并关闭进入能量桩的流量阀。整个试验过程中，能量桩内的流量阀和支管流量阀都可以通过 LabView 控制软件来进行打开和关闭操作，并通过控制进入能量桩的液体流速来使桩基达到试验所需要的平均温度。进口液体和出口液体的温度通过管塞式的温度电偶进行测量，其测量值反映了进入能量桩的热量。

5.5　摩擦型桩基离心机模型试验

5.5.1　土体试样特性

本节详细介绍一项能源基础离心机缩尺模型试验。试验土体取自于靠近科罗拉多州与堪萨斯州交界的博尼大坝现场。土体的压缩曲线、抗剪强度、土－水特征曲线以及剪切模量等信息在 [STE 12] 中进行了详细介绍。基于 ASTMD 4318 规范，测得土体液、塑限分别为 26 和 24，土体的细粒含量为 84%，比重 G_S 为 2.6；因而，根据美国统一土壤分类法（USCS）确定该土体分类为 ML（无机粉土）。

试验中采用该淤泥质土的主要原因是其黏塑性相对较低，因而，受温度影响时土体与孔隙水的相互作用（扩散的双层效应）变化较小；同时由于其细颗粒含量相对较高，与低渗透性的材料性质相类似。

目前为止，针对试验土样制备和土体饱和已经得到了广泛的研究，并形成了多种技术手段。本节模型试验土样制备和土体饱和等工作，仍采用传统的压缩技术方法，以达到土体试样快速制备的目的；同时还可以确保试验开始阶段，土体沿深度方向具有相对更均匀的初始重度和含水率分布。通过压缩可以提高土体的刚度，从而在离心机模型试验过程中不会产生明显的沉降。工况 A 的试验是在压缩后的淤泥质土中进行，其含水率为 13.2%、干重度为 16.2kN/m³。工况 B 试验中的压缩后的淤泥质土，其含水率为 13.6%、干重度为 17.4kN/m³。试验采用一个 75mm 宽的振动锤来压缩土体，使其在桩体周围和底部密实，从而使离心机试验中的土体处于压实且非饱和的状态。

5.5.2　工况 A：隔热条件下极限承载特性

图 5.2（a）中所示的每根模型桩都是在独立条件下进行试验的，并且试验开始前土体和桩基础都从前一组试验中恢复到与环境相同的情况。试验通过一个控制温度的水流来实现桩基温度的变化。试验中桩顶无上部结构荷载作用时，即在加热过程中桩体可以向上自由膨胀；与此同时，桩基也同样会向下膨胀并压缩桩端下部土体，这一过程需要克服土体 - 桩体之间接触面的摩擦力。图 5.4（a）给出了试验中一根能量桩在进水口和出水口处的温度情况。由于工况 B 中的能量桩桩内并没有埋设测试仪器，因此假设其进水口的温度就等于能量桩桩体平均温度；如图 5.4（b）所示，土体中不同径向位置的温度平均值都会达到一个固定值。通过位移控制法以 0.08mm/min 的固定沉降速率将桩基加载至破坏，如图 5.4(c)所示。试验实测不同温度条件下能源地基的荷载 - 位移关系曲线如图 5.4(d)所示。图 5.4 (d) 还给出了现场其他部分能源地基，在原位条件下无上部荷载时加热阶段的荷载 - 位移关系曲线图。这些能源基础因为在加载阶段没有上部荷载，其承载力随温度升高而增加部分归因于加热阶段径向应力的增加，而径向应力增加主要是因为能源基础和周围土体的热膨胀程度不同造成的；径向应力的增加使得极限侧摩阻力值也增加。试验中当能源基础从 15℃加热到 60℃后，将基础竖向加载至破坏，此过程中其侧向剪应力与常温条件下的模型地基试验结果相比，提高了约 40%；

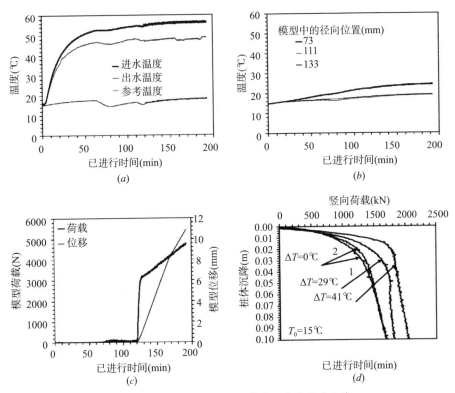

图 5.4　不同温度下工况 B 荷载－位移关系曲线

(a) 进水、出水温度；(b) 土体温度；(c) 荷载－位移关系曲线；(d) 不同温度下荷载－沉降曲线

且表现出一种倾倒式的破坏形式，这表明能源基础膨胀引起的水平径向应力的增加，从而使得地基表现出更高的脆性。

根据初步的估算，地基加热到不同的温度情况下的极限承载力，可以通过图5.4（d）中荷载－位移关系曲线，结合 Davisson 准则由下式获得：

$$Q_{ult}=0.0038m+0.01D+QL/AE \qquad (5.3)$$

式中，D 为地基原型尺寸的直径，QL/AE 为地基的弹性压缩。两条参考线（$\Delta T=0$）的承载力值为1380kN，而基础在经历29℃和41℃的温度变化后，其承载力值分别为1700kN和1820kN。

McCartney 等 [MCC 10] 也开展了相似的模型试验，但是能量桩桩顶作用有上部荷载，通过对桩体进行加热以研究工作荷载条件下能量桩的力学特性，如

图 5.4 所示。采用荷载控制法进行加载，可认为能量桩仍然能向上自由膨胀。试验观察到上部荷载的作用使得基础底部的土体产生了固结。在施加上部荷载至稳定值时，将其中一根能量桩加热至 50℃，然后加载到破坏；另一根能量桩加热到 50℃，而后先冷却到 20℃，再加载至破坏。试验结果表明，在 50℃下进行的试验，地基的极限承载力为 2150kN；而冷却到 20℃的地基极限承载力只有 1640kN；同时，两者却都高于参考试验值（1380kN）。这可能是因为加热导致桩基础底部的土体固结，其作用类似于加热过程中径向应力的增加引起的侧摩阻力增加一样。

荷载传递分析中，端部承载力的实际值和端部位移的关系可以通过 $Q-z$ 曲线来表示；该曲线的纵坐标是归一化的端部承载力（实际端部承载力和极限端部承载力的比值）、横坐标是桩底的位移。类似的，实际侧摩阻力和位移的关系也可以通过 $T-z$ 曲线来表示；其纵坐标是归一化的侧摩阻力（实际侧摩阻力和极限侧摩阻力的比值）、横坐标为桩侧单元和桩周土体的相对位移。其中的 $Q-z$ 和 $T-z$ 曲线可以用双曲线方程，并选取合适的参数与试验所得荷载 - 位移关系曲线（标准试验条件）进行定义 [MCC 11]。为了讨论温度对 $Q-z$ 和 $T-z$ 曲线的影响，需要开展更多的相关试验研究。由 [UCH 09] 不隔热条件下所得的抗剪强度结果可知，温度对土体的抗剪强度起到弱化作用，因而需要对其进行进一步的研究。

荷载传递分析中，另一个需要重视的重要因素就是极限侧摩阻力和极限端阻力。极限端阻力值并不会随着温度变化产生明显的增加，除非上部结构荷载在地基热膨胀阶段产生了一个热响应，引起土体的固结。极限端阻力的增加很可能是由于加热阶段地基下半部分向下的位移所引起的。除非有更近一步的研究结果，否则端阻力的极限值可以采用传统极限承载力的分析方法估算，即 $Q_b=9A_b c_u$，式中 9 为深基础承载力系数（圆形或方形截面，深度大于 $2D$，其中 D 为地基直径），c_u 为承受桩底应力条件下的土体不排水抗剪强度，A_b 为底部的截面积。估算离心机模型试验所用压缩后淤泥质土的极限端阻力时，c_u 取承载力试验时的相应深度的应力状态，估计值为 42kPa，c_u/σ'_v 值为 0.265，σ'_v 的估算采用总重度，值为 17.2kN/m³。估算的 Q_b 值为 990kN。

能源基础在受热时膨胀会水平向挤压土体，引起桩侧土体压缩，桩 - 土接触面的径向应力增加，剪切应力也随之增加。其中，径向应力的增加峰值，由热力梯度以及地基和土体的线性热膨胀系数比值决定。McCartney 和 Rosenberg[MCC 11] 将热应力影响，代入下式来计算排水条件下桩的侧摩阻力分布 Q_s：

$$Q_s = \beta A_S \sigma'_v \ [K_0 + (K_P - K_0) \ K_T] \ \tan\varphi' \tag{5.4}$$

式中，β 为一个代表桩－土接触面特性的经验折减系数；A_s 是为接触面侧表面面积；σ'_v 为超载压力；K_0 为静止水平土压力系数，其值为 $(1-\sin\varphi')$；K_P 为被动土压力系数，其值为 $(1+\sin\varphi') / (1-\sin\varphi')$；$\varphi'$ 为饱和摩擦角（试验中压缩后的淤泥为 29°）；K_T 代表加热阶段实际的水平土压力，由下式计算：

$$K_T = -\kappa \alpha_c \Delta T \ [(D/2) \ /0.02L] \tag{5.5}$$

式中，κ 为代表土体阻碍地基膨胀的经验修正系数；α_c 为钢筋混凝土热膨胀系数（假定为 $-8.5\mu\varepsilon/℃$）；$[(D/2) \ /0.02L]$ 为几何归一化系数。

式（5.5）显示了加热对地基径向膨胀的影响，但是并不能显示出桩基础在加热过程中上半部分相对土体向上的位移。拟合的荷载－位移关系曲线与试验实测曲线对比如图 5.5 所示。调整 T-z 和 Q-z 曲线后，可以获得相对更准确的荷载－位移关系曲线图形，在小位移条件下，β 取 0.55 时，公式拟合曲线结果能够和试验曲线拟合良好。

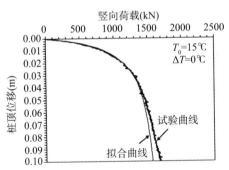

图 5.5 通过等温测试拟合荷载传递曲线来确定 β [MCC 11]

基础加热到 50℃时，拟合的荷载－位移关系曲线如图 5.6（a）所示。在该组试验中，κ 值为 65，β 值仍然保持 0.55；可以看到此时的曲线和试验所得曲线拟合度良好。随后利用 β 和 κ 的取值预测地基加热到 60℃时的荷载－位移关系曲线，如图 5.6（b）所示；两条曲线最大误差值为 16%。

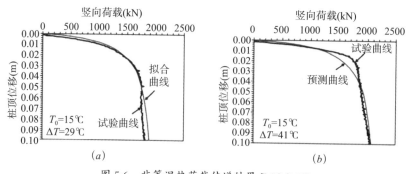

图 5.6　非等温热荷载传递结果 [MCC 11]
（a）获取参数 κ 的拟合分析；（b）基于 κ 的值的预测结果

5.5.3　工况 B：热力耦合作用下的应力–应变关系

工况 B 的第一组试验为室温且隔热条件下的静载荷试验，其桩身轴向应变沿桩深方向分布的实测试验结果如图 5.7 所示。试验结果验证了上一节内容中有关侧摩阻力分布的假设；即侧摩阻力沿深度分布较均匀，在加载阶段会引起轴向应变随深度逐渐减少。

工况 A（埋设了应变计和温度传感器）开展的离心机模型试验，研究了循环加热阶段的应变和温度分布情况；换热液体和桩基础不同深度处的温度情况分别如图 5.8（a）和 5.8（b）所示。试验过程中，桩基础先稳定加热到 32℃，然后再进一步加热到 40℃，最后进行循环加热。由图 5.8（c）可知，桩基础的温度分布规律相对较为均匀。试验中通过绝缘传感器测量得到的桩周土体温度曲线图如图

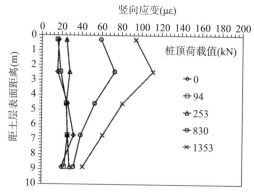

图 5.7　桩身轴向应变沿桩深方向分布规律（工况 B）

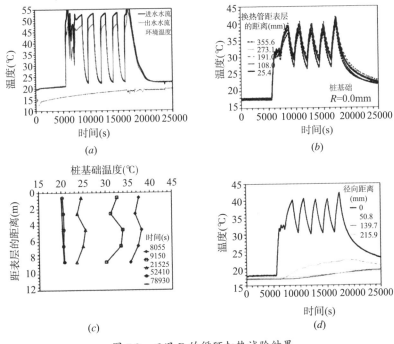

图 5.8 工况 B 的循环加热试验结果
(a) 进水、出水温度；(b) 桩体温度；(c) 桩体温度曲线；(d) 土体温度

5.8 (d) 所示。由于温度传导需要一个过程，因而土体的温度变化比桩基础的温度变化相对慢一些。桩基础的轴向应变对温度的影响比桩周土体要更敏感。

在摩擦型桩基顶部施加的竖向应力随时间的变化曲线如图 5.9 (a) 所示，图 5.9 (a) 中还给出了桩基温度平均值随时间的变化曲线。除了在试验进行到 7000s 时，加载控制系统出现问题以外，基础顶部的竖向应力一直保持在 150kPa。修正后的由力学荷载和热力荷载作用引起的顶部位移如图 5.9 (b) 所示。尽管在超载阶段，现场原型桩基的位移接近 30mm；但是，在模型试验中这一位移即使进行修正后，却仍然是一个比较小的沉降量（大约 1mm）。通过分析温度变化引起的基础顶部位移（解释了在上部荷载作用后土体继续发生的轻微固结）可知，在超载阶段后桩基向上膨胀的速率发生了变化。超载阶段后桩基向上膨胀的趋势明显增加，这可能是因为桩基底部的土体刚度增加造成的。每一个冷 / 热循环之后，桩基顶部都会向上移动，这可能是基础周围非饱和土的固结以及其含水量减小造成的。

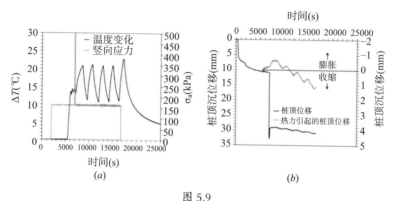

图 5.9
(a) 轴向应力和温度；(b) 热应力和力学荷载下的轴向位移

为了获得加热阶段产生的热应变，在开始加热前先将应变读数归零，并加入 1g 的重力试验所获得的热应力修正系数。轴向热应力随时间的变化规律如图 5.10 (a) 所示；由图 5.10 (a) 可见，加热阶段桩基不断产生负应变（膨胀），其趋势和施加在桩基上的温度荷载趋势一致；且其轴向热应变的值总是低于自由膨胀情况下桩基的应变值 $\varepsilon_{T, free}$（计算方法见式 5.1）。超载在桩基中引起了一个微小的不可恢复的应变。试验过程中，离心机在最后一个冷却阶段中停止了一段时间，因而引起了一个无效的应变值。试验初始加热阶段的轴向应变曲线如图 5.10(b) 所示；最大应变观测值发生在桩顶位置附近，这是因为在固定荷载作用下，桩顶能够自由膨胀；最小的应变观察值发生在桩基的中心位置附近，这是因为桩基不仅可以向上自由膨胀，在桩基底部也可向下膨胀进入土体中。

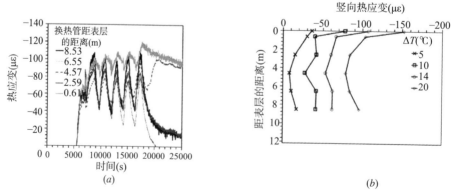

图 5.10 轴向热应变
(a) 时间；(b) 深度

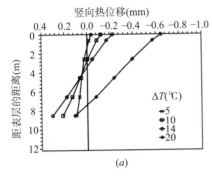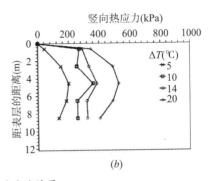

图 5.11 工况 B 的试验结果
(a) 轴向热位移；(b) 轴向热应力

在桩基顶部位移实测值中扣减力学荷载引起的应变曲线结果，即可得到温度变化引起的竖向热位移值，如图 5.11（a）所示（图中向上的位移为负值）；其中热位移为零的点可以当作中性点 [KNE 11]。当桩基受热膨胀，尤其是在过载阶段之后（温度变化值达到 14℃之后），桩基底部土体刚性将会变大，同时中性点上移。通过式（5.2）计算可得热应力值，如图 5.11（b）所示；热应力的最大值发生在桩基中心位置附近，由于桩基底部土体提供了足够的约束，从而在整个桩基的下半部都产生了热应力。

5.6 本章小结

本章试验结果表明，离心机模型试验在能源地下结构研究中，可以用来确定土体－结构接触面分析所需的相关参数。通过对非饱和土中半悬浮摩擦型能源桩基础的试验，量测得到热应变、位移和应力的变化规律曲线；揭示了桩体端部约束条件对于半悬浮摩擦型能源桩基础热力学特性的影响。在冷热循环过程中，地基的力学特性仅有轻微的变化，关于这一影响的原理机制还需要进一步的研究。

致谢

本章研究成果受美国国家自然科学基金项目资助（编号：CMMI0928159），本章作者对此表示衷心的感谢；本章相关研究结论仅代表作者个人观点。

参考文献

[AMA 12] AMATYA B., SOGA K., BOURNE-WEBB P., *et al.*, "Thermo-mechanical behaviour of energy piles", *Géotechnique*, vol. 62, no. 6, pp. 503–519, 2012.

[BOU 09] BOURNE-WEBB P., AMATYA B., SOGA K., *et al.*, "Energy pile test at Lambeth College, London: geotechnical and thermodynamic aspects of pile response to heat cycles", *Géotechnique*, vol. 59, no. 3, pp. 237–248, 2009.

[BRA 98] BRANDL H., "Energy piles and diaphragm walls for heat transfer from and into the ground", *Deep Foundations on Based and Auger Piles (BAP III), Ghent, Belgium*, Balkema, Rotterdam, pp. 37–60, 19–21 October 1998.

[BRA 06] BRANDL H., "Energy foundations and other thermo-active ground structures", *Géotechnique*, vol. 56, no. 2, pp. 81–122, 2006.

[ENN 01] ENNIGKEIT A., KATZENBACH R., "The double use of piles as foundation and heat exchanging elements", *Proceedings of the 15th International Conference on Soil Mechanics and Geotechnical Engineering*, AA Balkema, Istanbul, Turkey, pp. 893–896, 2001.

[KNE 11] KNELLWOLF C., PERON H., LALOUI L., "Geotechnical analysis of heat exchanger piles", *Journal of Geotechnical and Geoenvironmental Engineering*, vol. 137, no. 12, pp. 890–902, 2011.

[KO 88] KO H., "Summary of the state-of-the-art in centrifuge model testing", in CRAIG W.H., JAMES R.G., SCOFIELD A.N. (eds), *Centrifuges in Soil Mechanics*, Balkema, Rotterdam, pp. 11–28, 1988.

[KRI 04] KRISHNAIAH S., SINGH D., "Centrifuge modelling of heat migration in soils", *International Journal of Physical Modelling in Geotechnics*, vol. 4, no. 3, pp. 39–47, 2004.

[LAL 06] LALOUI L., NUTH M., VULLIET L., "Experimental and numerical investigations of the behaviour of a heat exchanger pile", *International Journal of Numerical and Analytical Methods in Geomechanics*, vol. 30, no. 8, pp. 763–781, 2006.

[LAL 11] LALOUI L., "In-situ testing of heat exchanger pile", *Proceedings of the GeoFrontiers 2011*, ASCE, Dallas, TX, p. 10, 13–16 March 2011 .

[MCC 10] MCCARTNEY J., ROSENBERG J., SULTANOVA A., "Engineering performance of thermo-active foundation systems", in GOSS C., KERRIGAN J., MALAMO J., MCCARRON M., WILTSHIRE R. (eds), *GeoTrends 2010*, ASCE GPP 6, pp. 27–42, 2010.

[MCC 11] MCCARTNEY J., ROSENBERG J., "Impact of heat exchange on side shear in thermo-active foundations", *Proceedings of the GeoFrontiers 2011*, Dallas, TX, ASCE, pp. 488–498, 13–19 March 2011.

[MCC 12] MCCARTNEY J., MURPHY K., "Strain distributions in full-scale energy foundations", *DFI Journal*, vol. 6, no. 2, pp. 28–36, 2012.

[PLA 12] PLASEIED N., Load-transfer analysis of energy foundations, MS Thesis, University of Colorado, Boulder, CO, p. 90, 2012.

[SAV 88] SAVVIDOU C., "Centrifuge modelling of heat transfer in soil", in CORTÉ J.F. (ed.), *Proceedings of the International Conference on Geotechnical Centrifuge Modeling, Centrifuge 88, Paris, France*, Balkema, Rotterdam, pp. 583–591, 1988.

[STE 12] STEWART M., Centrifuge modeling of soil-structure interaction in energy foundations, MS Thesis, University of Colorado, Boulder, CO, p. 110, 2012.

[TAY 95] TAYLOR R., *Geotechnical Centrifuge Technology*, Blackie Academic & Professional, 296 p., 1995.

[UCH 09] UCHAIPICHAT A., KHALILI N., "Experimental investigation of thermo-hydro-mechanical behavior of an unsaturated silt", *Géotechnique*, vol. 59, no. 4, pp. 339–353, 2009.

第二部分
能源地下结构数值模型

第6章
能源地下结构的多样性应用

Fabrice DUPRAY，Thomas MINOUNI & Lyesse LALOUI

　　能源地下结构在建筑基础中的主要应用方式为能量桩，通常通过利用浅层地热能形成地源热泵系统，因此被归为地热系统。地下能源结构的另外一种应用方式是与热源耦合，通过热交换的方式将热能存储于地下，然后分季节重新利用，但这种情况以热存储为主导，地热利用方面有一定的局限性。这两种应用方式的效率取决于地层特性、地下水流以及地基的几何结构特性。

　　常见的拥有几百根桩的大型建筑，即便是有比较明确的热参数，地源热泵系统的应用也会随其几何特性和热需求情况变化而变化。本章主要介绍两种应用方案：小型桥梁桩基和隧道锚杆。第一种几何结构非常简单，第二种为线性结构。这两种结构的几何形状均与建筑地基有一定区别。

　　方案一通过地热桥面除冰。地下钻孔热交换试验（Borehole heat exchangers，下统称 BHE）已验证了该方案的可行性，但是造价过高限制了该方法的推广。与BHE 技术相比，能量桩技术可实现造价成本的大幅降低，同时也存在受地下水流影响较大的问题。章节 6.1 介绍了能量桩在桥面除冰中的热－流－固耦合模型，并考虑了地下水流的影响，同时将得到的热参数及力学参数与桥梁设计需求进行了对比。

　　案例二将热交换型地下结构从桩扩展到锚杆。锚杆在钻孔隧道和随挖随填隧道的建造中均有应用，因此适于热交换设备的改造。该技术在隧道中的应用可行性将在章节 6.2 中讨论。

6.1　小型分布式桥面除冰系统

　　传统的路面除冰通常是通过加盐的方式来降低水的冰点。与雪灾或其他天气导致的路面灾害不同，路面结冰通常出现在湿润的区域或桥面等特殊的地点。利用盐进行桥面除冰会导致两方面影响，一是环境问题，二是桥梁耐久度。通过利用浅层地热能（可从浅层土壤中开采的热能）减少除冰的用盐量也是一种潜在的方法。浅层地热能与地表热环境相关性较小，主要来源于沥青路面吸收的太阳能及地下水流的热传导。很多原型模型试验，如瑞士于 1994 年起开展的 SERSO 项目，均已经证实了夏季将太阳能存储于地下，并于冬季重新利用的可行性，尽管热储藏设备的现场建设成本较高 [HOP 94]。

　　本节将从如下方面讨论能量桩的特性：可从太阳能及地下水流获得的热能的评估及相关的土力学响应。为了分析这些问题，建立了一个热－流－固耦合的有限元模型。有限元模型是用来初步研究由于地下水流的热对流对太阳能蓄能及桩的力学变化的影响。本试验分析了单桩在加热和制冷过程中作为热交换媒介的情况。本节研究了四个工况：一是有热储能而没有地下水流；二是有稳定的水流及热储能；三是有稳定的水流而没有热储能；四是有大流量的水流及没有热储能。四种工况的热响应和力学响应都进行了对比。

6.1.1　小型桥梁桩基的热能需求及其相关特性

6.1.1.1　冬季热能需求

[LUN 99，LIU 07] 参考文献通过利用目前仅有的相关 ASHRAE 设计手册中的 HVAC 应用程序，对桥面除冰及融雪系统所需要的热能进行计算 [ASH 95]，并对该计算结果进行评估分析发现：采用该手册的计算方法，对有季节性变化的相关热能需求计算结果是正确的；但是对瞬时的热能变化，及其相应的热能需求计算上还是有所欠缺。本节研究内容主要关注季节性变化情况，因此可以使用 ASHRAE 设计手册中的相关计算方法来评估相关的热能需求。基于本节中所关注的相对应时间段的气象资料（温度不大于系统的设定温度，通常为 0.5℃），并同时考虑融雪及温度控制影响，可以计算出所需的能源总量。因此，广义的地表融雪热能需求方程如下 [ASH 95]：

$$q_0 = q_s + q_m + A_r (q_e + q_h) \tag{6.1}$$

式中，q_0 为表面热能总需求量；q_s 为雪温度增长相关项，与落雪速度及温度成比例；q_m 为融化的潜热项，与落雪速度成比例；A_r 为自由面积比；q_e 为蒸发耗散项；q_h 为热对流或热辐射耗散项。蒸发耗散项非常复杂，与风速和空气的相对湿度有关。

在没有雪时，于设定温度下（通常是 0.5℃）维持水膜温度的热能需求 q_h，可由经验公式（6.1）表示 [ASH 95]：

$$q_h = 64.74 \cdot (0.0125 \cdot V + 0.055) \cdot (T_f - T_a) \qquad (6.2)$$

式中，V 为风速，单位是 km/h；T_f 为水膜温度；T_a 为空气温度，单位是℃；计算的 q_h 值结果在 60~200kWh/m²/a 之间，且与当地具体情况相关。

6.1.1.2　潜在太阳能的吸收量

另一个存在的主要问题就是，如何对每年的能源可利用率及其可再生性进行评估。正如前文已经提到的，能源的主要来自于两个方面：一是地下水流，该温度可假设为基本不变；二是桥面自身季节性吸收的太阳能。通过桥面板内的管道吸收的太阳能总量，约占总辐射量的 20%[BOB 13]。由于瑞士的太阳总辐射量在单位面积上远远大于 1000kWh/m²/a，因此 20% 的吸收率完全可以满足冬天的热能需求。

6.1.1.3　潜在地下水流量

已有研究结果表明，天然的地下水流对太阳能的储蓄是不利的 [PAH 07]；热储蓄效率主要是由其限制热消散的能力而决定的；而热消散又取决于地质热参数（如热传导系数、体积热容和渗透率等）和水文地质参数（如饱和度和水力梯度等）。因此，季节性热能储蓄需要特殊的地质情况，如较小流量的地下水流或几乎没有地下水流。Van Meurs[VME 85] 通过针对水力参数各向同性的孔隙材料进数值分析指出，当地下水流超过 0.05m/d 时，需要采取相应的措施，以保护热能储蓄不受地下水流的影响 [NOR 00]。虽然较大的热传导系数有助于更快地将热能传递到换热管中，但是热传导系数越大，热消散的速度也越快 [SCH 06]。

6.1.2　桩基模型

6.1.2.1　工程背景

本章采用的是瑞士罗纳河谷的岩土工程环境，该位置具有建立热响应桥梁的条件。针对该桥梁的岩土地质情况进行了完整的相关测试，并取得了相应的原位土体特征层的相关参数。实测获得的原位土体的参数，如土的渗透系数和热参数等，弥补了数值模型模拟中参数获取困难这一不足。为了重点定义和分析对流对能量桩特性的影响，数值模型中仅考虑与桩长相同深度的土层，该土层由粗冰和冲积物组成。尽管冲积物的级配良好，但是其渗透系数却达到了 3.5×10^{-4} m/s（在 20℃时）。由于其渗透系数的原因，该地层的地下水流十分明显，土层从 7~20m 深度为完全饱和状态。

6.1.2.2 网格划分

本章根据近期在该区域已建桥梁的设计方案，获取了相关的地层条件、土层信息及桥梁桩基础的尺寸等信息。研究的目标是确定该已经设计好的桥梁桩基础的尺寸和数量，是否满足桥面除冰系统的能源需求。桩基长度在 20~38m 之间；本节模拟选取了平均长度 23m 作为长度，桩径为 1m；模型尺寸及网格划分如图 6.1 所示。由于模拟的是地下水的非等温情况，本节的模拟要使得水流在温度降低到初始温度之后才到达边界面，因此选择了以水流流动的方向为正方向，距离桩中心 500m 处为边界面。这主要是由于狄利克雷或者纽曼边界无法通过方程将水流中的热消散过程表达出来造成的。

6.1.2.3 模型特征

本节数值模拟使用的是 Lagamine 有限元代码 [CHA 87，COL 03]；有限元网格为：8022 个节点、6340 个线性六面体单元。模型中使用了轴对称模型，桩体横截面为六边形。水面位置位于顶面。除了顶面未施加温度以外，其他边界面都施加了温度；所有的边界面都为无流量边界面；初始温度为瑞士典型温度 12℃。通过将与桩体体积大小相同的网格作为热源或冷源，以此来代表热交换装置。

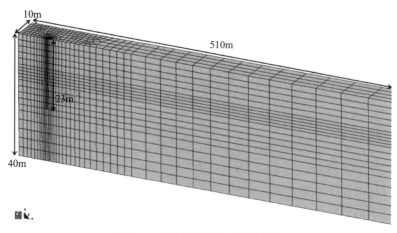

图 6.1 数值模型尺寸及网格划分

数值模拟采用 [COL03] 提出的扩散模型，本节仅展示部分主要过程。水流与热流的平衡方程都是通过修正的拉格朗日算法来计算。模型采用了一个现象学的描述法：介质（熵和热传导性）的平均性质取决于其成分的空间再分配。在可变形的土颗粒矩阵中，水假设为可压缩、土颗粒假设为不可压缩，水与土颗粒假设都受热膨胀影响。数值模型中相关材料的一些基本参数见表 6.1。

数值模型中材料的热学和力学参数　　　　　　　　　　　　　表 6.1

参数 \ 材料	土	混凝土
孔隙比 [–]	0.34	0.12
密度 [kg/m³]	2122	2408
20℃渗透系数 [m/s]	3.5×10^{-4}	9×10^{-9}
热传导系数 [W/m/K]	1.59	1.56
比热容 [J/kg/K]	1426	1045
杨氏模量 [MPa]	20	3500
泊松比 [–]	0.3	0.2

6.1.2.4 加载过程

为了描述加载路径，将研究问题的三个方面分为对应的三个阶段：

第一阶段是水力荷载。水流方向假设为垂直于桥梁的方向，平行于河流方向。这种水流可以通过在模型两面施加常水压来模拟，该荷载在模型的力、热过程开始之前是平衡的。本节中使用 0.3m/d 高流速和 0.015m/d 低流速两种不同的水流流速。

第二阶段是力学荷载。由于地应力的存在，设静止土压力系数为 $K_0=1$。荷载施加在桩顶。单桩设计承载力为 2700kN，相当于 3.9MPa 的应力施加于桩顶。位移和应力，都是在地应力及荷载施加完成，且土壤达到稳定之后开始计算。

第三阶段是热荷载。如前文提及的一样，有两个热源。第一个热源来自太阳能，意味着在夏季时，热量从桩注入到周围的土体中。六月到八月，放热过程的设计值是恒定的；在五月和十一月，则分别是递增和递减的；四月和十月，不使用太阳能；其相应的能源输入情况如图 6.2 所示。

从地层中吸取热能来供给桥梁，与放热过程有相似之处。从十二月到次年二月，吸热的设计值是稳定不变的，十一月和五月出现递增和递减的情况。由于地

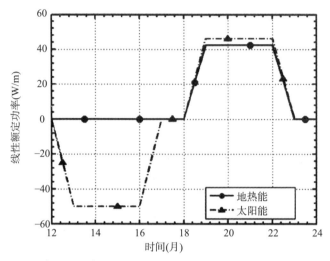

图 6.2　低流速情况下桩身线性热能的吸热过程（正）和放热过程（负）示意图

下水流的存在，其他时间段没有热交换。整个循环持续四年。

数值模拟的目的是为了评估利用能量桩建立桥面除冰系统的可能性；因此，所有的设计值都是假设抽取的能量为最大值，从而使得四年内的温度达到一个稳定状态。吸热设计参数的设定需要满足以下两个条件：一是混凝土和土体不能结冰；二是所有热能加起来不能超过热能恢复量（即所有热源的总值）。

6.1.3　数值模拟结果与分析

6.1.3.1　基本工况：考虑太阳能摄取的低流速情况

该工况中，水流速度为 0.015m/d，低于参考值；所谓的参考值是指衡量一个区域是否能成为热储蓄区域的值。事实上，考虑到单桩体积相对较小，才选择了这样的一个值 [NOR 00]。计算所得最高的吸热值为 46W/m，而实测获得的值在 30~70W/m 之间 [PAH 07]；适合于能量桩长期使用的值约为 50W/m。在有力学荷载作用状态下，第一年内不同时间的温度值如图 6.3 所示。这一系列的温度，可以用来评估这一段时间的应力的变化规律。

在考虑热弹性的情况下，本章所监控的三个点的平均热应力变化规律如图 6.4 所示。虽然热应力的最大值发生在桩体中间段，但是热应力的变化沿桩身分布是相当均匀的。在桩体上下端不完全固定情况下，15kPa/℃热应力作用下，产生

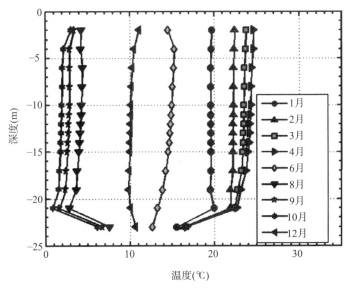

图 6.3 第一年内不同月份桩身温度沿桩深分布图

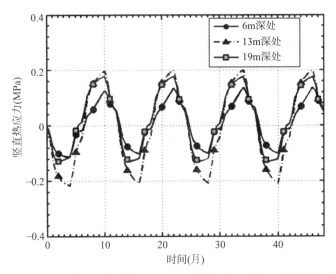

图 6.4 温度引起的桩体竖向热应力随时间变化规律（压缩为负）

0.2MPa 热应力；在完全固定的情况下，相应的热应力将会达到 300kPa/℃ [AMA 12]。这些值不会对桩基的整体结构产生显著的影响，只需要通过加载到 3.9MPa 就能去除这个值所造成的影响。本章的另一个研究内容，就是桩基的沉降以及该

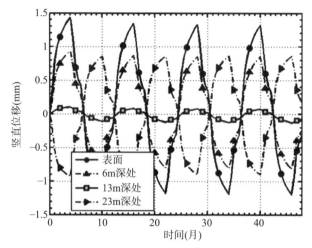

图 6.5   温度引起的桩身竖向位移随时间变化规律

沉降所引起的上部桥梁结构的沉降。图 6.5 展示了桩基顶面及三个观测点的沉降。热产生了 2.5mm 的沉降，并可能形成小的挠度（小于 10m）；而桥面有着严格的扰度要求，即 $L/5000$（L 是跨度的长度）。通过计算，这些变化量对桥面而言，是可以接受的。

6.1.3.2 工况二：考虑自然回温的低流速情况

这个工况中的吸收热能值比上一个工况略小，为 42.5W/m。造成这个小变化的原因是，由于该工况与基础工况的热响应不同，如图 6.6 所示。冬季刚开始时，两种工况的温度差小于 2℃，到太阳能充能结束后温度差达到了 10℃以上。由此

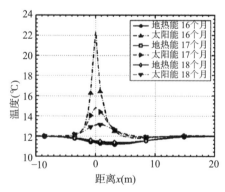

图 6.6   太阳能及能量桩温度沿水流方向变化规律（基础试验及试验 2，桩长为 20m）

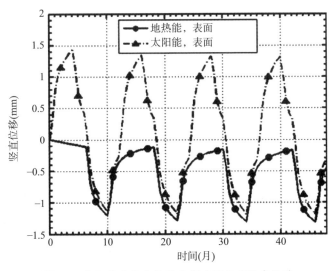

图 6.7　太阳能和地热能联合影响下桩顶竖直位移

可见，相对于大型建筑而言，太阳能的效率低下。因此将太阳能作为充能手段，其优点被限制，仅有以下两点优势：一是即使冬季使用温度后也能回到常温，二是能在夏天控制桥面路面的温度，保证路面使用的安全。

从力学的角度来看，其主要的差别在于，年位移量的不同。图 6.7 中展示的冬季期间两种工况的对比结果可知，工况二总的振幅在 1.3mm 以内，这是小型地基使用地热较太阳能的另一个优势。

6.1.3.3　工况三：考虑太阳能蓄能的无地下水流情况

这个额外的工况是为了研究一个关键的问题，即太阳能充能的效率低下，究竟是地下水流造成的，还是仅仅由于这个系统的几何尺寸所造成的。在这个工况中，没有地下水的出现，吸热功率与基本工况一致，仅在桩体附近发生了较小的温度变化，桩身 20m 处相对较为明显，如图 6.8 所示。该变化不会对桩体的热或应力产生影响。且从图中可以明显观测到曲线变化逐渐往直线发展。由此可知，该系统的几何尺寸是造成效率低下的主要原因，而地下水流应在各个工况中作为有利的因素看待。

6.1.3.4　工况四：考虑自然回温的高流速情况

单根（或数量较少的群桩）能量桩的潜能评估结果，与大型建筑基础差别较大。由于地下水流是有利的，本工况中流速取了一个相对较高的值（0.3m/d）。本工况使用了如图 6.2 显示的吸热速率，但是本工况的设计吸热值是不同的。由于地下水流所引起的自然回温的存在，是可以达到该工况所取的 70W/m 吸热率的，而该值也是符合传统的热泵和能量桩取值范围的。工况二与工况四的对比结果如图 6.9 所示；在吸热阶段，当温度达到 3.5℃的平缓区间时，高流速所产生的热对

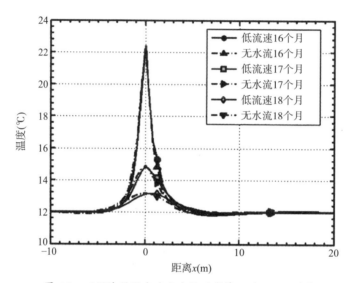

图 6.8　回温阶段沿水流方向的温度情况（20m 深度）

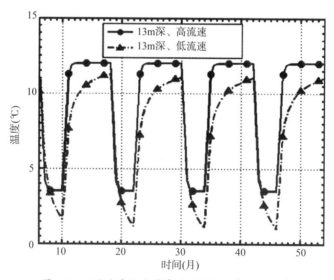

图 6.9　不同流速和流量情况下桩体温度变化规律

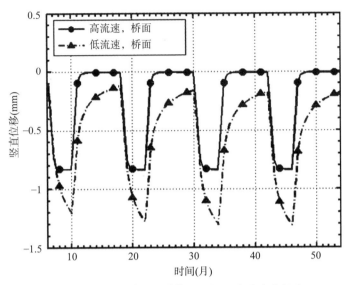

图 6.10 不同流速和流量情况下桩顶位移变化规律

流影响十分明显；低水速的回温速度与高水速的回温速度相比，要更快速且更完全；低水速情况在第四年才达到了平衡，并且回温的温度要比自然温度低。与之前几个工况类似，位移造成的影响很小，如图 6.10 所示。

6.1.3.5 桥面除冰应用

分析的结果表明，该场地工程情况应用于基于能量桩的桥面除冰系统。四个工况中单桩在高流速的情况下，能获得的总能量最大值为 5800kWh/pile/year、最低值能达到 3480kWh/pile/year。若考虑年热需求为 100kWh/m² 时，那么这个数值可满足 34~58m² 的桥面；换算到更精确的值为每米桩可支持 1.5~2.5m² 的桥面能源需求。

6.2 热交换锚杆

本节介绍了使用浅层隧道支护锚杆作为的地源热泵热交换装置的潜能。虽然深层隧道的地热能更高，但是由于距离的原因导致传热的效率很低。[BRA 06] 介绍到浅层隧道往往建在城市环境，可使传热损失降至最低，因此可作为地源热泵的热源。第 6.2.1 节描述了这一技术并探讨了其可行性；第 6.2.2 节介绍了相关的研究方法；最后第 6.2.3 和 6.2.4 两节分别探讨了这一方法的效率及其力学响应。

6.2.1　技术特征及其应用

在奥地利的维也纳展示了两种用于示范的热交换锚杆，如图 6.11 所示 [ADA 08]。由于锚杆或锚钉的相对距离较小，使得同轴布管是最有效的配置方法。Nicholson 等人指出这个技术有两大优势：一是利用了再生能源，二是能降低隧道温度 [NIC 13]。利用该热源的建筑需位于该装置的附近，如隧道上方的建筑或者地上站台。

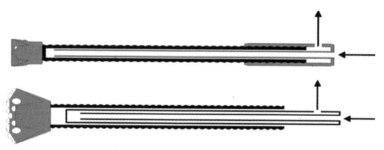

图 6.11　维也纳展示的热交换锚杆模型：R32N（上）和 R51L（下）[ADA 08]

6.2.2　研究方法

对两种不同的城市隧道进行了研究。第一种是明挖法隧道（图 6.12*a*），这种隧道是在不饱和的状态下进行的测试，并且由于其离地表面很近，因此受空气温度的影响较大。锚杆在施工时安置于隔墙后用于支撑隔墙，按照规范 SIA-267[SIA 03] 进行设计。

热膨胀产生的应力对隧道和隔墙之间的土而言，是可以忽略的；因为其上部覆土为回填土，所产生的热膨胀不会产生应力。

第二种是钻挖隧道（图 6.12*b*），本节对其横截面进行研究。由于埋深相对较深，可假设上部温度为恒定不变，土体处于饱和状态。由于该结构的四周为固定边界，因此热膨胀引起的应力在此不可忽略。此处的应力 - 应变关系按照热弹性理论处理。热应力则是利用基于拉格朗日方法的热 - 流 - 固有限元方法进行分析。本节分别对不同的土体情况进行了测试。在热储蓄期间选择了两种通用类型的土体：微渗透性土和低渗透性土。不同渗透能力的土体使得水流速度也不同，不同

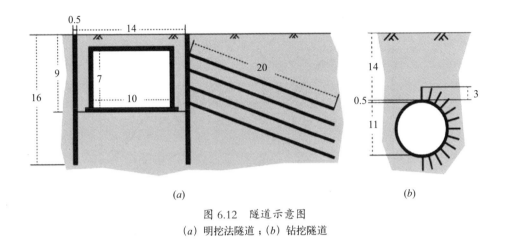

图 6.12　隧道示意图

(a) 明挖法隧道；(b) 钻挖隧道

的水流速度对蓄热能力的影响也不同。试验中土体和混凝土的热参数、力学参数及持水性等相关参数见表 6.2。

土体和混凝土材料的力学、热学及持水性参数　　　　　　表 6.2

	热参数 Γ_s（W/m/K）；c_s（kJ/kg/K）；ρ_s（kg/m³）	力学参数 n（-）；k（m²）	持水性 M（-）；Π（kPa）
低渗透性土	3.43；419；2700	0.45；10^{-13}	7/17；50
微渗透性土	2.42；732；2700	0.55；10^{-15}	1/3；500
混凝土	1.7；880；2500	0.2；10^{-15}	—；—

　　最后，对不同的产热循环也进行了测试。根据瑞士气象局提供的空气温度，对瑞士洛桑一栋建筑物的热能需求进行了简单的设计，设计了两种不同的循环方式（图 6.13）：第一种方式 Ce，没有吸热，土在热区段可以进行休息；第二种方式 Cei，在热区段有吸热，并分成了两个小的分段：Cei，e 从放热时开始产热，Cei，i 从吸热时开始产热。一旦设计了一种产热循环形态，就需要对各种可能的情况进行优化，使得特定地点的温度达到其相应的温度阀值。根据已有研究成果可知，使得锚杆或锚钉之间的土不结冰的温度阀值为 273K。当考虑能量吸收时，隧道建筑的能量释放设计值必须保持恒定，才能对不同的参数进行比较。

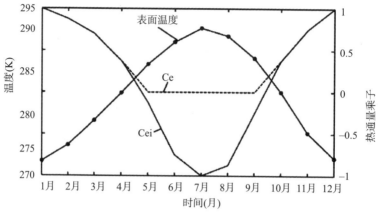

图 6.13　热区有吸热（Cei）与无吸热（Ce）产热循环形态

6.2.3　产热优化设计

　　明挖法隧道和钻挖隧道的热通量乘数分别为 4W/m 和 16W/m。优化结果分别见表 6.3 和 6.4，表格中展示了热区段的吸热量及冷区段的放热量。由于热消散的存在，放热量要低于吸热量。吸热效率 η_{inj}，按下式计算 [MIM 13]：

$$\eta_{inj} = \frac{He(Cei) - He(Ce)}{Hi(Cei)} \tag{6.3}$$

明挖法隧道的吸热和放热的值及相应的边界　　表 6.3

工况	He（kW·h/y/m）	Hi（kW·h/y/m）	吸热及放热边界（W/m）
SP–Ce–0m	9.63	0	0~2.6
SP–Ce–20m	7.41	0	0~2
SP–Cei–0m	14.46	8.41	–4~4
SP–Cei–20m	12.02	8.41	–4~3.33
NP–Ce–0m	7.41	0	0~2
NP–Cei–0m	14.46	8.41	–4~4

　　吸热对于明挖隧道而言，效率很高：低渗透性土接近 80%，微渗透性土则有 55%~57%。渗透性土的非饱和性对吸热的效率影响并不大。相反的，吸热对于钻挖隧道而言效率并不高：低渗透性土为 50%，而微渗透性土仅有 35%。

钻挖隧道的吸热和放热的值及相应的边界			表 6.4
工况	He（kW·h/y/m）	Hi（kW·h/y/m）	吸热及放热边界（W/m）
SP–Ce	45.94	0	0~12.4
SP–Cei	57.86	33.62	–16~16
NP–Ce	38.68	0	0~10.45
NP–Cei	54.92	33.65	–16~15.2

两个隧道的吸热效率				表 6.5
	工况	SP–20m	SP–0m	NP–0m
η_{inj}	明挖法隧道	55%	57%	84%
	钻挖隧道	—	35%	48.5%

6.2.4　热传递引起的力学特性

本节仅针对钻挖隧道进行传传递引起的力学特性进行分析，其原因已在第 6.2.2 节中解释过了。为了获得土壤和衬砌里可供参考的初始状态（如应力应变），挖掘过程的计算中，使用控制收敛的计算方法 [PAN 95]。由于挖掘区域并没有网格，所以等效力均匀施加在衬砌里面以达到地应力平衡，并利用算子 λ 来减少等效力受时间的影响。在当前阶段，λ 在六天内，从 1 减少到 0.3，相应的挖掘速度 v_λ 为 $1.35 \times 10^{-6} s^{-1}$[CAL 04]。衬砌里的材料预先设定为土壤，其后将其参数换为混凝土。最后卸载 52 多天后，还残余 30% 的初始地应力。大部分沉降产生在卸荷至衬砌安装期间；隧道顶沉降量为 0.05m、隧道底沉降量为 0.06m。一旦衬砌安装完成后，沉降就变得很小，同时衬砌处于受压状态。挖掘的最后，衬砌的轴向压应力在 1.3MPa（隧道顶）到 2.0MPa（隧道底）之间。

第一季度工作的衬砌轴向应力增加量为 1.5MPa，当仅考虑放热时，衬砌在产热期间轴向应力变化量为 0.5MPa。应力的变化发生在衬砌的内部和外部，呈现不规则的波动。在放热期间（地面降温），压应力随着衬砌的内弧面递增，随着外弧面递减（图 6.14a）。压应力的增加代表着衬砌荷载增加；反之，当吸热时，衬砌荷载减少（图 6.14b）。隧道顶和隧道地面的垂直位移在 2~4mm 之间。其中，点 1 和点 1′ 在隧道顶的外和内，点 2 和点 2′ 在隧道中间的外和内，点 3 和 3′ 在隧道的转角的外和内。衬砌顶部的虚拟板（隧道顶部约 2.5m 处）的位移为 0.1~0.2mm 之间。

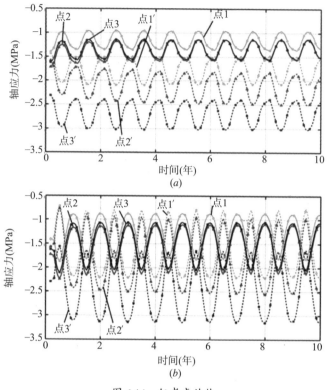

图 6.14   仅考虑放热
(a) 季节性储热；(b) 衬砌轴向应力变化

6.3   本章小结

本章中介绍了地源热泵技术在多种地下结构中的应用。第一个应用是：在桥梁桩基础中布置地源热泵换热管形成桥面除冰能量桩系统。桥面除冰系统的热能需求可来自桥面换热管吸收的太阳能及地下水流吸收的地热能，并储存于地下供冬天使用。在考虑地下水流的情况下，对其进行了热-流-固三相耦合有限元分析，仅通过地下水流的自然回温就足以满足桥面除冰的热能需求。第二个应用是：利用隧道支护锚杆作为地源热泵换热管埋设媒介形成热交换锚杆装置。通过对两种不同的地下结构形式和两种不同周围土体情况进行分析，研究结果表明，对于低渗透性土中长锚杆支护明挖法隧道，使用外部恢复会使其空调系统效率相对更高；

而钻挖隧道使用自然恢复的效率相对更高。同时，通过对衬砌里的热响应特性的研究发现，应修正设计来避免温度变化对隧道形状造成的影响。

致谢

本章研究成果受瑞士联邦公路局（OFROU）、瑞士隧道协会（FGU）和瑞士公路与交通运输协会（VSS）的资助，本章作者对此表示衷心的感谢。

参考文献

[ADA 08] Adam D., Effizienzsteigerung durch Nutzung der Bodenspeicherung, Presentation, Ringvorlesung Ökologie, TU Wien, 2008.

[AMA 12] Amatya B., Soga K., Bourne-webb P.J., et al., "Thermo-mechanical behaviour of energy piles", Géotechnique, vol. 62, pp. 503–519, 2012.

[ASH 95] Ashra E., "Snow melting", Heating, Ventilating and Air-Conditioning Applications, vol. 4, pp. 46.1–13, 1995.

[BOB 13] Bobes-jesus V., Pascual-muñoz P., Castro-fresno D., et al., "Asphalt solar collectors: a literature review", Applied Energy, vol. 102, pp. 962–970, 2013.

[BRA 06] Brandl H., "Energy foundations and other thermo-active ground structures", Géotechnique, vol. 56, no. 2, pp. 81–122, 2006.

[CAL 04] Callari C., "Coupled numerical analysis of strain localization induced by shallow tunnels in saturated soils", Computers and Geotechnics, vol. 31, pp. 193–207, 2004.

[CHA 87] Charlier R., Approche unifiée de quelques problèmes non linéaires de mécanique des milieux continus par la méthode des éléments finis, Doctoral Thesis, University of Liège, 1987.

[COL 03] Collin F., Couplages thermo-hydro-mécaniques dans les sols et les roches tendres partiellement saturés, Doctoral Thesis, Faculty of Applied Sciences, University of Liege, 2003.

[HOP 94] Hopkirk R.J., Hess K., Eugster W.J., et al., Fact: Federal Roads Office, and Office for Civil Engineering of Bern canton, Technical Report of the Federal Office for Road Engineering/Civil Engineering, Department of the Canton of Bern, 1994.

[LIU 07] Liu X., Rees S.J., Spitler J.D., "Modeling snow melting on heated pavement surfaces. Part I: model development", Applied Thermal Engineering, vol. 27, pp. 1115–1124, 2007.

[LUN 99] Lund J.W., "Geothermal snow melting", Transactions of the Geothermal Research Council, vol. 23, pp. 127–133, 1999.

[MIM 13] MIMOUNI T., DUPRAY F., MINON S., et al., Heat exchanger anchors for thermo-active tunnels, Report from FGU 2009/002 research project, Federal Roads Office, Bern, 2013.

[NIC 13] NICHOLSON P.D., CHEN A.Q., PILLAI A., et al., "Developments in thermal pile and thermal tunnel linings for city scale GSHP systems", *Proceedings of the 38th Workshop on Geothermal Reservoir Engineering*, Stanford University, CA, 11–13 February 2013.

[NOR 00] NORDELL B., HELLSTRÖM G., "High temperature solar heated seasonal storage system for low temperature heating of buildings", *Solar Energy*, vol. 69, pp. 511–523, 2000.

[PAH 07] PAHUD D., Serso, stockage saisonnier solaire pour le dégivrage d'un pont, Report, Federal Office of Energy, Bern (CH), 2007.

[PAN 95] PANET M., *Le calcul des tunnels par la méthode convergence/confinement*, Presses de l'École Nationale des Ponts et Chaussées, Paris, 1995.

[SCH 06] SCHMIDT T., MANGOLD D., "New steps in seasonal thermal energy storage in Germany", *Ecostock 2006: The 10th International Conference on Thermal Energy Storage*, Pomona, NJ, 31 May–2 June 2006.

[SIA 03] SIA-267, Géotechnique, Swiss Society of Engineers and Architects SIA, Zürich, 2003.

[VME 85] VAN MEURS G.A.M., Seasonal heat storage in the soil, Doctoral Thesis, T. U. Delft, 1985.

第7章

竖向循环荷载下能量桩承载特性数值分析

Maria E. SURYATRIYASTUTI，Hussein MROUEH，Sebastien BURLON & Julien Habert

7.1 引言

热力循环荷载作用下，能量桩的力学响应是近年来研究的重点。总体而言，在建筑静荷载作用下，桩体受到压应力并产生沉降，且该压应力和沉降是沿着整个桩身发展的。在热荷载作用下，由于温度荷载的季节性变化，使得能量桩在整个运行期间的力学响应变得相对复杂。如果能量桩所处的位置有地下水流（速度大于 35m/a），或是位于地下水流消散较快的砂土中时，桩周土体将不会受热体积变化的影响而使得地层的温度趋于稳定 [FRO 99，RIE 07]；因此，仅需要研究能量桩在热交换期间，桩－土接触面之间的力学响应特性。尽管欧洲已有许多能量桩应用的成功案例，但是这些案例中能量桩都未达到各自的期望值。因此，有必要针对能量桩的周期性变化及其力学响应进行更深入地研究，并优化相关设计。

当桩基的长径比非常大时，与温度引起的桩体轴向位移相比，温度引起的桩体径向位移变化近似可以忽略。现场原位测试结果表明，温度变化会导致桩身摩擦力及法向应力的显著变化，即热响应对桩－土接触面影响显著 [BOU 09，LAL 06]；且受影响程度与桩基的上下端约束情况相关。[AMA 12，BOU 09] 指出虽然现场原位试验是研究能量桩的热－力学响应的最可靠方法，但是需要耗费大量资金和时间。通过合理选择材料本构模型、设定桩－土接触面特性，利用数值模拟方法研究能量桩的热－力学响应是另一种可行的方法。数值模拟分析主要有两种方法：一是使用一维的荷载传递法，二是使用三维的有限元方法。

本章基于数值模拟的方法，研究能量桩在热循环作用下的承载特性。首先，介绍了基于荷载传递法研究单一热荷载下能量桩的性状；通过每年对桩体施加变化的温度，从而来研究循环荷载对能量桩特性的影响。接着，基于 Modjoin 接触面本构模型，建立循环荷载下黏性土中能量桩的 3D 数值模型；其中，Modjoin 本构模型可以重现循环荷载作用下土体的硬化现象，并且能控制循环的退化效果 [SHA 97，CAO 10]。最后，针对不同的桩顶与桩端约束条件，及不同的工作荷载情况进行了讨论。

7.2　附加热荷载下桩基承载特性

荷载传递法，是通过在桩－土接触面之间定义一个接触面法则（t－z 法）来计算桩基荷载－位移关系的一种方法，通常用于单桩承载力计算 [FRA 82]。通过这种方法来研究热－力荷载作用下的能量桩时，需要将总变形 ε 划分为弹性变形 ε^{e} 和热变形 $\varepsilon^{\mathrm{th}}$（见式 7.1）。通过控制方程，总变形等于相应位置 Δz 的轴向变形 Δw 累计；且桩体每一点的轴向变形 w 都与该点的剪切应力相关。因此，桩体温度变化将会导致桩身每一个分段的变形发生改变，最终引起整个桩－土接触面动摩擦力的变化。桩体力学平衡方程见式（7.2）：

$$\varepsilon = \varepsilon^{\mathrm{e}} + \varepsilon^{\mathrm{th}} \tag{7.1}$$

$$EA\frac{\mathrm{d}^2 w}{\mathrm{d}z^2} - \pi D q_{\mathrm{s}} = 0 \tag{7.2}$$

式中，EA 为桩体刚度；E 为混凝土杨氏模量；A 为桩身横截面面积；D 为桩径；q_{s} 为桩－土接触面的动摩擦力。

为了解这个微分方程，不仅需要 t－z 方程来控制动摩擦力与桩－土接触面之间的相对位移要求，而且需要边界条件来控制承载应力 q_{p} 和桩顶位移 w_{p}[FRA 82]。对每一个桩身单元进行数值迭代，并通过调整桩端位移情况来研究桩顶的荷载与位移响应。

分析一根能量桩单桩案例，桩基横截面为正方形、其边长 B=60cm，桩长为 H=15m，桩周土体由 12m 厚的细粒土和 3m 厚的粗粒土组成。土体参数采用来自 CETE Nord Picardie 地区的实测数据。桩基加载系统分为两个阶段：（1）初始力荷载；（2）单一的热荷载。第一个纯力荷载阶段，上部荷载量为桩基极限荷载的 50%，这个值接近法国规范规定的正常使用极限荷载 [AFN 12]。第二个单一热加载阶段，在整个桩身施加一个均匀的温度变化，且制冷期间

为 −12℃、加热期间为 +20℃。考虑到单季度只施加单一的温度荷载，因此本节研究中无法考虑循环荷载对能量桩特性的影响。温度的变化通过混凝土材料的热膨胀系数 α 来转化为桩身热轴向变形，其中 α 值为 $1.2 \times 10^{-5}℃^{-1}$。单元土体动摩擦法则由 Frank 和 Zhao 提出的 t–z 法则来控制 [FRA 82]。分析中考虑了三种不同的桩顶约束条件：（1）自由桩头（轴向自由 k=0）；（2）固定桩头（轴向严格刚性固定 k= ∞）；（3）自由与刚性之间（$k \in [0,\ ∞]$）。

利用荷载传递法，可以获得沿桩身的法向力 N 和轴向位移 w 以及桩身动摩擦力 q_s。为了便于表示，参照土力学规定：向下的位移 w 及压缩力 N 表示为正。自由桩头及受约束的能量桩与经典的桩在单独力荷载作用下的对比结果如图 7.1 所示。由图 7.1 可知，自由桩头情况下，冬天制冷会引起桩头位移且减少桩体的

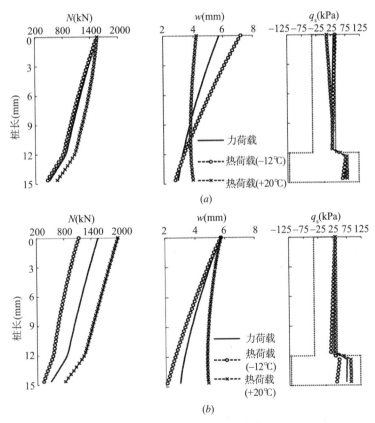

图 7.1　热作用下桩头热响应
（a）自由桩头；（b）固定桩头

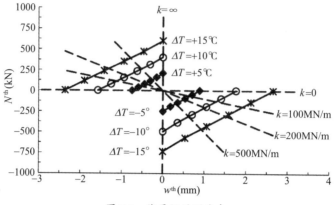

图 7.2　能量桩的刚度表

法向应力。在一些案例中，法向应力的减少将会导致拉力的产生，且与桩周土阻力相关。在夏天，加热会导致桩头膨胀和法向应力的增加。由于桩身膨胀，使得桩底应力增强以提供支撑力，相应的桩身摩擦力就会减少。在桩头完全限制情况下，将会发生同样情形。这种极端情况可以用来评估热 – 力响应下能量桩的安全性。不同约束条件 k、不同 ΔT 温度条件下能量桩热响应结果如图 7.2 所示 [HAB 12]；其中，wth 为热引起的轴向位移，N^{th} 为热引起的轴向力。本节数值模拟结果与 Knellwolf 等人的结果相似 [KNE 11]。

7.3　循环荷载下 Modjoin 桩 – 土接触面本构模型

大体来说，能量桩季节性温度变化引起的收缩和膨胀可视为一种双向的循环加载。针对该双向的循环加载对桩 – 土接触面的力学响应，相关研究人员开展的相关试验结果表明，膨胀将会导致桩身摩擦力的退化 [POU 89，FAK 97，UES 91]。非黏性土中，摩擦力的减少主要是由于最大剪应力的减少，从而造成相对滑动产生位移。黏性土中则与此相反，法向有效应力的减少会引起体应变的减少，从而导致桩身摩阻力减少。

Lemaitre 和 Chaboche[LEM 85] 定义了材料的多种循环退化现象：

在施加非对称应变时，会出现有效应力松弛现象，这意味着循环荷载引起的应力在进一步增加或减少。

在施加非对称应力时，会发生应变棘轮效应或应变调节现象。棘轮效应是指塑性应变在循环过程中的不断积累，应变调节是指在一个完整的循环结束后的塑性应变趋于稳定 [LEM 85]。

因此，必须选择适当的桩－土接触面本构模型，并结合循环退化效应，才能准确评估冷热循环加载作用对能量桩力学性能造成的影响。

采用 Modjoin 本构模型来定义桩－土接触面，研究在循环荷载作用下的能量桩特性 [SHA 97]。Modjoin 本构模型是一个基于边界面概念的弹塑性法则，是基于试验实测数据推导出来的；Modjoin 本构模型考虑了土体的不均匀性、非线性、峰后硬化和软化、剪胀及循环退化效应等特性。近年来，Modjoin 本构模型被进一步用来控制循环退化现象，如应力棘轮效应和应力松弛及应变调节等 [CAO 10]。

弹性部分被划分为两个部分：法向刚度 k_n 和剪切刚度 k_t，与法向应力 σ_n 和法向位移 u_n 及剪切应力 τ 和切向位移 u_t 相对应。边界表面 f_l 及相应的各向同性硬化方程 R_{max} 的定义分别见式（7.3）和式（7.4）所示。R_{max} 是由摩擦角 φ 和累积的弹性切线位移 u_{tr}^p 来控制。DR 和 ADR 分别为控制振幅和各向同性硬化速率的参数。动表面 f_c 及相应的动硬化方程 R_c 分别见式（7.5）和式（7.6）；是由 γ_c、β_c 及 λ 控制。γ_c 和 β_c 分别为振幅及动态硬化速率，而 λ 为塑性乘子。最后，由压缩面到膨胀面的流动法则分别见式（7.7）和式（7.8）。这个法则基于真实的塑性切线位移 u_{tr}^p、膨胀角 ψ_c 和加载速率 a_c 获得。

$$f_l = |\tau| + \sigma_n R_{max} \tag{7.3}$$

$$R_{max} = \tan\varphi + DR(1 - e^{ADRu_{tr}^p}) \tag{7.4}$$

$$f_c = |\tau - \sigma_n R_c| \tag{7.5}$$

$$dR_c = \lambda(\gamma_c |R_{max} - R_c|^{\beta_c}) \tag{7.6}$$

$$\frac{\partial g}{\partial \sigma_n} = \left(\tan\psi_c - \left|\frac{\tau - \sigma_n R_c}{\sigma_n}\right|\right)e^{-a_c u_{tc}^p} \tag{7.7}$$

$$\frac{\partial g}{\partial \tau} = \frac{\tau}{|\tau|} \tag{7.8}$$

施加对称位移时，基于 Modjoin 接触面模型的数值模拟结果与 CETE Nord Picardie 直剪试验结果对比如图 7.3 所示。不同参数选择情况下，Modjoin 法则会出现一些循环退化现象，如图 7.4 所示。

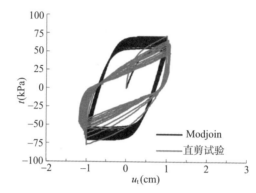

图 7.3　对比对称位移作用下的接触面情况

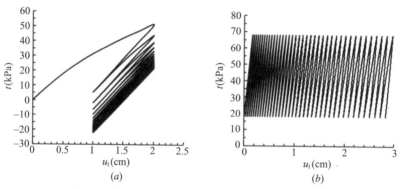

图 7.4　在非对称循环荷载下 Modjoin 接触面的情形
(a) 应力松弛现象；(b) 应变棘轮现象

7.4　循环热荷载下能量桩特性数值分析

基于有限差分程序 FLAC3D，研究轴向荷载及热循环荷载共同作用下摩擦型能量桩的力学响应。单根能量桩埋设在均质无黏性土中；横截面边长 B=60cm、桩长 H=15m。土和桩都采用线弹塑性模型；接触面采用 Modjoin 非线性弹塑性模型；桩端接触面土体和桩体固定。土体参数采用来自 CETE Nord Picardie 的砂参数。根据土在循环疲劳作用下的软化性状，Modjoin 法则的参数 *DR* 和 *ADR* 被设置为 −0.05。土体、桩体及 Modjoin 接触面的各个材料参数见表 7.1。假定这些参数不随温度变化，且温度的变化区间为 ±20℃。考虑模型的对称性，仅选取 1/4 模型进行分析。水平边界设定为 15m（25*B*）、竖向边界设定为 30（2*H*），如图 7.5 所示。

材料参数　　　　　　　　　　　　　　　　　　表 7.1

		土	混凝土桩	Modjoin 接触面
密度	ρ	1950kN/m³	2500kN/m³	—
体积弹性模量 法向硬度	K k_n	10MPa —	20GPa —	— 22MN/m
剪切模量 剪切硬度	G k_t	3.75MPa —	7.5GPa —	— 8.33MN/m
热膨胀系数	α	5×10^{-6}J/℃	1.25×10^{-5}J/℃	—
摩擦角	φ	—	—	30°
膨胀角	ψ	—	—	1°

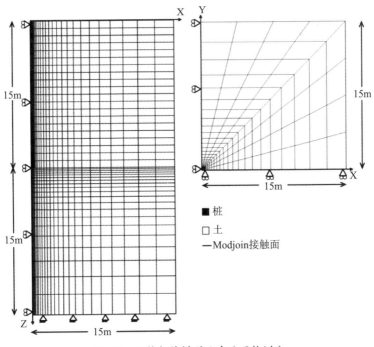

■ 桩
□ 土
—Modjoin接触面

图 7.5　三维数值模型尺寸及网格划分

首先对桩进行极限抗压试验，获得其荷载传递曲线。极限荷载定义为位移达到桩径的 10% 时所对应的荷载量 [BOR 01]。考虑到建筑的静荷载，对桩基施加极限荷载的 33%。这一阶段发生在 $n=0$，下标为"mec"。其后桩在温度变化相较于地面温度为 +10℃ 的环境下，对整个桩身施加 24 个热荷载循环。温度循环由制冷阶段开始，然后是制热阶段；循环过程持续 12 年。此次研究针对荷载作用下，两种循环过程中桩体的三个关键响应做出了分析：(1) 桩顶对上部建筑影响；(2) 桩体法向应力；(3) 桩－土接触面的动摩擦阻力。

7.4.1　对上部构建物的影响

桩头自由情况下，与仅受力荷载作用相比，温度变化导致桩头位移从 –5%（上浮）到 +30%（沉降）。加热会导致桩体膨胀，而桩头上浮的情况仅发生在前五次加热循环过程中；在此之后，桩头由于桩－土接触摩擦的退化而引起沉降；当最后的热循环完成后，桩顶多沉降了约 3mm。

桩头固定情况下，在制冷期间桩体应力递减，且变化幅度为从 –10% 到 –25%；加热期间，第一次热膨胀使得桩的附加荷载相较于纯荷载作用增加了近 +7%；之后由于桩－土接触摩擦的循环退化而使得该值减少为 –4%。在 24 个热循环过程中，桩顶轴力值每 10℃ 变化 200kN。

7.4.2　桩身轴力

在冷热循环的开始和结束时，温度引起的桩身法向应力变化情况如图 7.6 所示。桩头自由情况下，首次制冷导致了桩体法向应力的减少；这是由于桩体收缩导致较多的应力转化为了桩－土接触面处的剪应力。在循环期间，法向应力随着接触摩擦的减少而增加；最后一次温度循环中法向应力的最大变化值为纯力学荷载时的 16%。

桩头固定情况下，在循环期间，桩顶由温度变化引起的法向应力变化的数值急剧减少，这是由于桩底与土体相互连接无法分离而使桩端阻力更大造成的。图 7.6 (b) 展示了在最后的循环中，桩顶应力的数值在制冷期间减少了 –25% 且在加热阶段减少了 –5%。法向应力值的减少情况在制冷期间要比制热期间更明显；根据这个计算结果可以推断出，此处可能会产生拉应力。

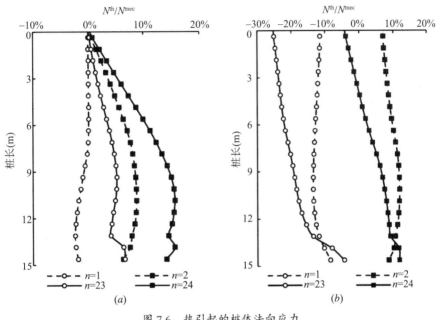

图 7.6　热引起的桩体法向应力
(a) 自由桩头；(b) 固定桩头

7.4.3　桩侧动摩擦力

桩头自由情况下，桩身动摩擦在桩体的上半部分与下半部分的情况是相反的。在制冷期间，桩身的缩短导致了桩端阻力减少，同时使得桩身动摩擦力增大。在加热期间，桩身上半部分的动摩擦力将减少更多，使得桩端阻力增加。本节桩－土接触面被定义为满足 Modjoin 循环非线性法则，桩周土定义为线弹性。热循环荷载造成应力在桩－土接触面累积，从而使得切线位移进一步增加，导致应变棘轮的出现（图 7.7a）由于桩端土体的约束效果，使得桩体下部分接触面的摩擦力减少较小。

桩头固定情况下，动摩擦力沿桩深逐渐减少；且桩身越长，动摩擦力减少越大。不过，切线位移沿桩身变得更小。由于桩端土体约束的存在，制冷期间温度引起的动摩擦减少要比加热期间多。图 7.7（b）展示了桩－土接触面在循环期间的应力松弛现象。

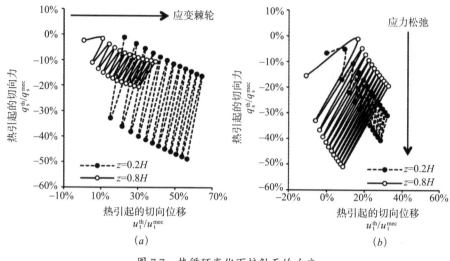

图 7.7   热循环变化下接触面的响应
(a) 自由桩头；(b) 固定桩头

7.5   能量桩优化设计建议

7.5.1   上部荷载等级对能量桩的影响

在欧洲，桩基础采用极限状态（ULS）和 SLS 规范进行设计。基于这个规范，桩基础尺寸由施加在桩顶上荷载量决定。为了安全起见，目前能量桩在设计期间需要乘以一个安全系数，使得其尺寸变大 [KNE 11，BOË 09]。在保证桩基础冷热循环过程中安全的前提下，如何对能量桩进行优化设计，仍是当前有待解决的重要问题之一。

之前章节中，讨论分析使用的工作荷载值为极限荷载的 33%。施加力学荷载情况下，不同循环阶段内由温度引起的额外桩头位移如图 7.8 所示。当桩顶作用相对较小的工作荷载（小于 33% 的极限荷载）时，冷热循环作用下能量桩桩顶位移的振幅更大，但是桩顶位移在循环过程中的循环退化相对较小（低循环软化）。相反，桩顶工作荷载值越大，位移上升的振幅越小；同时由于桩－土接触面的塑性化，使得循环软化速率快速增加。例如，桩顶工作荷载为 42% 极限荷载时，经过 12 年的冷热循环作用之后，桩顶位移最后仅为承受工作荷载作用下位移的 75%。因此，能量桩的长期设计中除热应力的产生外还需考虑桩顶工作荷载大小的问题。

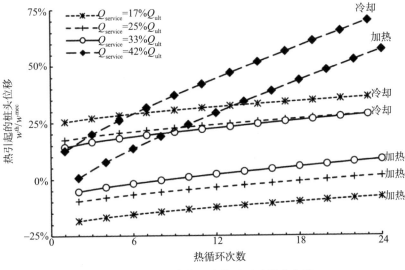

图 7.8　不同加载阶段热作用下的桩头位移

7.5.2　能量桩对桩 – 筏基础的影响

建筑桩基础大多为群桩形式出现，且群桩都由桩承台或筏板连接起来，即桩 – 筏基础。但是，实际工程项目中并不需要把建筑下的桩基础全部设置为能量桩；根据建筑供热需求，有时只需要一部分作为能量桩就可以满足能源需求。由于群桩效应的影响，非常有必要开展能量桩对其他常规桩甚至整个桩 – 筏基础影响的研究。

针对 3×3 群桩中边缘处的 4 根典型基桩进行初步研究。桩体横截面边长为60cm，桩长为 15m，桩基承台为 30cm 厚、4.8m 宽的正方形钢筋混凝土。考虑对称性，仅选择 1/4 模型进行分析；且相关参数设定与之前的方案设定一致。数值模型几何形状与网格划分如图 7.9 所示。冷热循环时能量桩的压缩和膨胀，使得周围的常规桩受到压缩力，筏板中心位置出现不对称的应力集中现象。图 7.10 展示了各种类型基桩的布置形式，3×3 群桩中中心桩和四根边桩为传统桩基、四根角桩为能量桩。由图 7.10 可知，由于桩与桩之间的相互作用，其他的常规桩也受到循环的法向应力变化。在这里需要针对桩基承台的自由度，以及能量桩在群桩中所处的位置等不同影响因素开展进一步研究，以分析群桩中由于温度变化而产生的应力。

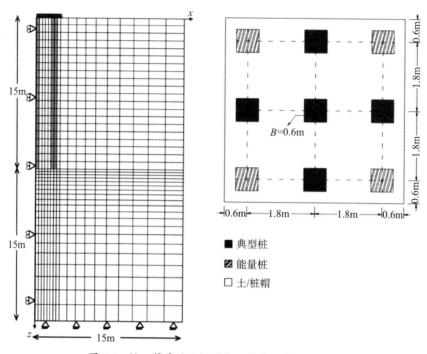

图 7.9 桩－筏基础网格划分及横截面布置示意图

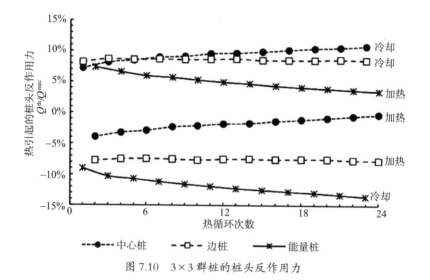

图 7.10 3×3 群桩的桩头反作用力

7.6　本章小结

本章开展了在力荷载及热循环荷载耦合作用下的能量桩力学响应的数值模拟分析。桩身的温度变化转换成了热作用下的轴向变形，均匀地施加在整个桩身上。首先分析在仅有热荷载作用下单桩的力学效应；接着，将 Modjoin 本构模型运用到桩－土接触面上，以研究冷热循环作用下能量桩的力学响应。基于现场足尺模型试验实测数据选取数值模型参数，且模型参数选择中考虑了相应的循环退化现象：应变棘轮和应力松弛。

在长期循环温度荷载作用下能量桩的承载特性：（1）桩和上部结构接触面的桩顶反作用力和桩顶沉降交替出现；（2）桩－土接触面的动摩擦力和竖向承载力交替变化。温度变化引起的额外的应力变化增加量，与所施加的桩顶工作荷载值有着很大的关系。相对较大的桩顶工作荷载，对第一次冷热循环有利，但是不利于长期的冷热循环。温度变化引起的桩顶位移、法向应力和动摩擦力可表示为：（1）荷载与位移关系；（2）混凝土的极限抗拉强度；（3）SLS 和 ULS 的极限承载力。因此，完全可以实现相对更准确的能量桩设计方法而不仅仅是乘上一个简单的安全系数。最后，温度变化引起的群桩效应在能量桩设计中不可忽略。

致谢

本章研究成果是法国 GECKO 公司"地源热泵混合太阳能板耦合优化能源存储"项目的一部分，受法国国家研究机构（ANR）项目资助；该机构成员包括 ECOME，BRGM，IFSTTAR，CETE Nord Picardie，LGCgE–Université Lillel，EMTA–INPL 和 EPFL 等，主要负责国际咨询公司或研究机构之间的合作。本章作者对上述机构及其相关研究人员给予的合作和支持表示衷心的感谢。

参考文献

[AFN 12] AFNOR, Fondations profondes, Norme française d'application nationale NF P 94-282, 2012.

[AMA 12] AMATYA B.L., SOGA K., BOURNE-WEBB P.J., *et al.*, "Thermo-mechanical behaviour of energy piles", *Géotechnique*, vol. 62, no. 6, pp. 503–519, 2012.

[BOË 09] BOËNNEC O., "Piling on the energy", *GeoDrilling International*, pp. 25–28, GDI March, 2009.

[BOR 01] BOREL S., Comportement et dimensionnement des fondations mixtes, Doctoral Thesis, ENPC, Paris, 2001.

[BOU 09] BOURNE-WEBB P.J., AMATYA B., SOGA K., *et al.*, "Energy pile test at Lambeth College, London: geotechnical and thermodynamic aspects of pile response to heat cycles", *Géotechnique*, vol. 59, no. 3, pp. 237–248, 2009.

[CAO 10] CAO J., Modélisation numérique des problèmes d'interfaes sable-pieu pour les très grands nombres de cycles: Développement d'une méthode de sauts de cycles, Doctoral Thesis, University of Lille 1, 2010.

[FAK 97] FAKHARIAN K., EVGIN E., "Cyclic simple-shear behavior of sand-steel interfaces under constant normal stiffness condition", *Journal of Geotechnical and Geoenvironmental Engineering*, vol. 123, no. 12, pp. 1096–1105, 1997.

[FRA 82] FRANK R., ZHAO S.R., "Estimation par les paramètres pressiométriques de l'enfoncement sous charge axiale de pieux forés dans des sols fins", *Bulletin de Liaison des Laboratoires des Ponts et Chaussées*, vol. 119, pp. 17–24, 1982.

[FRO 99] FROMENTIN A., PAHUD D., LALOUI L., *et al.*, "Pieux échangeurs: Conception et règles de pré-dimensionnement", *Revue française de génie civil*, vol. 3, no. 6, pp. 387–421, 1999.

[HAB 12] HABERT J., BURLON S., "Éléments sur le comportement mécanique des fondations géothermiques", *Actes des Journées Nationales de Géotechnique et de Géologie de l'Ingénieur JNGG 2012*, Bordeaux, pp. 617–624, 4–6 July 2012.

[KNE 11] KNELLWOLF C., PERON H., LALOUI L., "Geotechnical analysis of heat exchanger piles", *Journal of Geotechnical and Geoenvironmental Engineering*, vol. 137, no. 10, pp. 890–902, 2011.

[LAL 06] LALOUI L., NUTH M., VULLIET L., "Experimental and numerical investigations of the behaviour of a heat exchanger pile", *International Journal for Numerical and Analytical Methods in Geomechanics*, vol. 30, no. 8, pp. 763–781, 2006.

[LEM 85] LEMAITRE J., CHABOCHE J.L., *Mécanique des matériaux solides*, Dunod, Paris, 1985.

[POU 89] POULOS H.G., "Cyclic axial loading analysis of piles in sand", *Journal of Geotechincal Engineering*, vol. 115, no. 6, pp. 836–852, 1989.

[RIE 07] RIEDERER P., EVARS G., GOURMEZ D., *et al.*, Conception de fondations géothermiques, CSTB final report ESE/ENR no. 07.044RS, 2007.

[SHA 97] SHAHROUR I., REZAIE F., "An elastoplastic constitutive relation for the soil-structure interface under cyclic loading", *Computers and Geotechnics*, vol. 21, no. 1, pp. 21–39, 1997.

[UES 91] UESUGI M., KISHIDA H., "Discussion of 'cyclic axial loading analysis of piles in sand' by Poulos", *Journal of Geotechnical Engineering*, vol. 117, no. 9, pp. 1435–1457, 1991.

第8章
非饱和土中的能源地下结构

John S. MCCARTNEY，Charles J. R. COCCIA，Nahed ALSHERIF &
Melissa A. STEWART

8.1　引言

　　位于近地表的岩土工程，其系统性能与周围土体环境中的水分迁移密切相关，绝大多数岩土工程设计规范中，一般建议采用可以自由排水的回填土材料，渗透性高的回填土材料，可以降低水分迁移对嵌入式岩土工程结构物的影响 [SAB 97，ELI 01]。但是，如此一来可能会造成较高的施工费用，特别是在那些不易获得回填土的地区。高黏粒含量土体排水性差，且其强度和刚度随着含水率的上升（或者吸力的下降）而降低；因此，相关工程设计中应该尽量避免使用该类型土体作为压实回填土 [ZOR 94，MIT 95，ZOR 95]。粉土不仅其强度和刚度性质随着含水率的变化发生变化，而且易受冻胀作用的影响，因此，相关工程设计中也应尽量避免使用。但是，当上述两种类型土体处于非饱和状态时，岩土工程设计它们作为回填土时的性能劣势就没那么明显。众所周知，在非饱和土力学中基质吸力参数指标极为重要 [KHA 98，LU 06，NUT 08]。非饱和土随着有效应力的增加，土体的剪切强度和刚度等工程特性可以得到有效的改善。在渗透排水性能差的回填土中，想要保持土体始终处于非饱和状态，有一种新途径就是建造含有热交换器的挡土墙（MSE），利用加热引发水分迁移降低回填土的含水率。

　　含热交换器的挡土墙系统是非饱和土中能源岩土结构的一个典型案例；其主要原理是，在 MSE 墙中埋置热交换器，当热交换器升温时，引发土体中的水分沿着远离热交换器的方向迁移，从而可以降低回填土含水率。热交换器可以布置在土工合成材料与加固层之间，这种情况下土工合成材料可作为水分迁移的渗透通道。为了满足上述要求，作为加固层的土工合成材料可选用透水的有纺或无纺土工布。土工合成材料所起的作用，除了传统的加固、分离、引流之外，还有为升温引起的水分迁移提供边界条件。热活性的 MSE 墙原理示意图如图 8.1（a）所示。

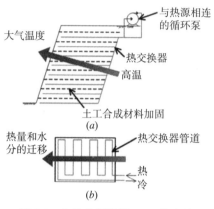

图 8.1 含热交换器的 MSE 挡土墙
(a) 纵截面；(b) 平面图

热交换器的间距和位置不仅对土 – 土工合成材料复合物加固起到重要作用，而且能够在整个回填土和大气之间形成热梯度，有利于促进系统中的水分排出。换热管的平面布线示意图如图 8.1 (b) 所示。

能源岩土工程系统在提高能源利用效率方面具有优势，主要表现在热泵系统可以对建筑物散出的热或者发电厂、工业设施中排出的多余热量实现利用等方面。通常描述制冷需求的冷吨，定义成 12L/min 降温 5℃的散热量 [DRB 96]。平均每100m² 建筑面积通常需要 0.82 冷吨（4396W）[NRE 97]，一个 700MW 的发电厂大概需要 100000 冷吨 [DRB 96]。由于热能在传输过程中有耗损，因此为了在能源岩土工程系统中实现良好的散热，设计过程中需要控制一些重要变量，包括进口液体的温度、热交换器的长度与位置以及液体循环率等。一般的制冷应用中，进水温度范围在 50~80℃ [OME 08]。

本章回顾和总结了已有文献中温度对非饱和土的热 – 液 – 力学性能的影响规律，同时讨论了温度对土工合成材料加固土体性能的意义。

8.2　升温引起土体中水分迁移

升温引发的土体中水分迁移，可以促使能源岩土工程系统中的回填土保持非饱和状态。基于区域渗流水文学角度考虑该问题，是研究的重点，包括液态和气态的水分迁移控制方程的定义 [PHI 57]，理论分析和数值模拟 [CAR 62a，CAR 62b，TAY 64，MIL 82] 以及现场试验数据 [MIL 96] 等。水分迁移控制方程已经被编入如 VADOSE/W 等一些商业的有限元程序中 [WIL 94]，并且在比较先进的模型中已经可以对水的体积变化进行评估 [THO 95a，THO 95b，THO 96]。理论分析方面，在热交换器边界条件下分析升温引发的水分迁移的同时，还必须考虑大气边界条件对热传递和水分进出岩土工程系统的作用。关于土层与大气相互作用的行为预测，可以参阅垃圾填埋覆盖层分析中的一些研究成果 [MCC 04，ZOR 05，SCA 02，OGO 08]。

针对非饱和土中升温引发的水分迁移进行试验研究，由图 8.2 可知，水分沿着远离轴对称线热源方向迁移。Yong 和 Mohamed [YON 96] 研究发现，对砂－膨润土混合物施加 90℃的温度，靠近热源的土体，在 3 天之后饱和度降低了 0.5，受高温影响变得干燥的区域大约为 40mm；Ewen 和 Thomas [EWE 89] 通过观测发现，对砂土施加 70℃的温度，受温度影响变得干燥的区域超过了 20mm。在这两个例子中，观察到的受影响区域均较小；但是，如果对砂土或者低塑性黏土进行试验，当施加一个较高的温度时，受影响的区域应该会相对更大，热响应也相对更加明显，这是因为上述两种土体在整个含水率范围内，均具有较好的水力传导特性。

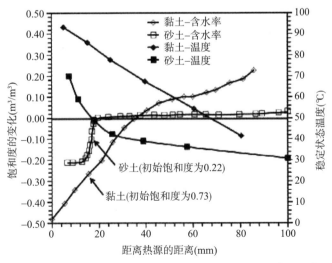

图 8.2 温度变化引起的黏土 [YON 96] 和砂土 [EWE 89] 中的水分迁移

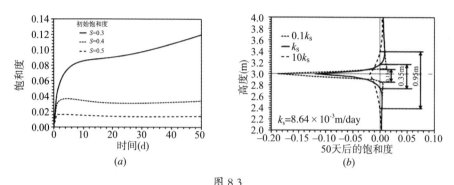

图 8.3

（a）热交换位置土体饱和度随时间的变化规律；（b）不同 k_s 对应的热饱和度变化

　　受影响区域的大小和升温引起的水分迁移的程度大小是关于初始的饱和度（S）、饱和条件下水力传导系数（k_s）、热传导系数（λ）以及孔隙率（n）的函数。Coccia 和 McCartney [COC 13] 发现，对热交换器位置附近的粉土，初始的饱和度（S）越小，其饱和度下降越明显（图 8.3a）；且土体 k_s 越小，干燥区域也越小（图 8.3b）。同时，温度变化还会引起土体热传导系数的耦合变化，这也影响水分的迁移；当 S 接近零时，土体的热传导系数大约降低 10 倍；针对不同的土体密度和矿物成分，其相应的热传导系数下限值大约为 0.25~0.5W/m·℃ [FAR 81]。另外，Smits 等 [SMI 13] 观测发现，当砂土受到高于 55℃ 的温度时，热传导系数的耦合变化呈非线性，且在饱和度为 0.1 处为峰值。

8.3　非饱和土中热体积变化

　　对土体加热产生的另一个重要影响是：土体中可能产生超静孔隙水压力，从而可以进一步促进水分沿着靠近或者远离热交换器的方向迁移，同时降低土体的不排水剪切强度。Campanella 和 Mitchell [CAM 68] 研究发现，由于孔隙水和土骨架两者的膨胀性存在差异，所以加热时饱和的正常固结（NC）土中才会产生正的超静孔隙水压力。具体而言，孔隙水的热膨胀系数大约是大多数土骨架颗粒的 7~10 倍 [MCK 65，MIT 05]。如果这些超静孔隙水压力可以消散掉，那么随着时间的发展，拥有不同结构和应力历史的土体就会产生不可恢复（弹塑性）的收缩或者膨胀。饱和的正常固结（NC）土在排水加热过程中更容易产生塑性收缩，然后在冷却时弹性收缩；超固结比（OCRs）大于1.5~3的饱和土体排水加热时弹性膨胀、冷却时弹性收缩。这种土体的热体积变化特性如图8.4（a）所示；同时，塑性指数较大的土体在加热过程中体积变化也相对更加明显 [SUL 02]。在一些基于剑桥模型改进的本构中已经考虑了这种热体积行为 [HUE 90a，HUE 90b，CUI 00，LAL 03，FRA 08，CUI 09]。

与饱和土体不同，非饱和土体热体积变化方面的研究还相对较少 [SAI 90，SAI 91，SAI 00，ROM 03，ROM 05，FRA 05，TAN 08，TAN 09，UCH 09]；且这些研究中只有两个不是针对膨胀土进行的，而膨胀土并不适用于作为回填土材料。针对黏质粉土试样，Saix 等 [SAI 00] 进行了基质吸力恒为4.5kPa情况下的排水加热试验，观察到土体在加热过程中发生了塑性收缩；针对密实粉土，Uchaipichat 和 Khalili [UCH 09] 进行了恒定含水率条件下的排水加热试验，测量到温度从25℃上升到60℃，土体基质吸力降低了50%。这可能是由于孔隙水膨胀填充了更多的孔隙，所以导致了基质吸力的下降。将 [UCH 09] 中涉及的非饱和粉土排水热体积变化的数据作为 OCR 的函数进行重新处理，其结果如图8.4（b）所示；其中，OCR 是通过使用 Khalil 和 Khabbaz [KHA 98] 定义的有效应力计算而来。上述变化规律在饱和土体中也同样存在；但是，在非饱和土体中产生这种规律的原因与在饱和土体中是不一样的。对于低 OCR 的试样，改变温度可能使得土体前期固结应力和关联屈服函数减小；此时如果非饱和土体中有临近屈服函数的应力状态，那么温度升高，土体可能产生破坏。对密实膨润土进行的相关研究，也证实了非饱和粉土中也存在这种现象 [ROM 03，TAN 08]。

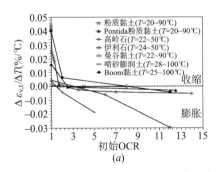 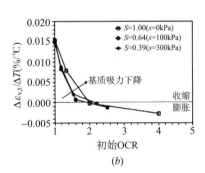

图 8.4 温度变化（ΔT）引起的排水热体积应变（$\Delta \varepsilon_{v,T}$）梯度

（a）饱和土体（粉质黏土 [TOW 93]，Pontida 黏土 [BAL 88]，高岭石 [CEK 04]，伊利石 [PLU 69]，曼谷黏土 [ABU 07a]，喷砂膨润土 [GRA 01] 和 Boom 黏土 [SUL 02]）；（b）非饱和密实粉土 [UCH 097]

8.4　土体强度和刚度热效应

通常情况下，温度对绝大多数饱和或者非饱和土体的工程性质没有显著影响。Campanella 和 Mitchell [CAM 68] 研究了不同温度影响下饱和土体的压缩特性，发现压缩指数与温度无关；其他一些关于饱和土体 [DEM 82, GRA 01] 和非饱和土体 [SAI 00, UCH 09] 的研究，也获得了类似的结论。压缩指数和温度息息相关的典型土体是膨胀土 [DEL 00, ROM 03]，然而，膨胀土不适合作为回填土使用。Cekerevac 和 Laloui [CEK 04] 通过总结归纳已有文献数据发现，温度对摩擦角也没有显著影响。饱和土体 [FIN 51, KUN 95, GRA 01, ABU 07b, ABU 09] 和非饱和土体 [UCH 09] 的临界状态线都与温度无关，其实也验证了这一结论。但是，Hueckel 等 [HUE 09] 对已有文献数据却提出了另一种解释；认为对于某些土体而言，加热过程中临界状态线对应力历史和排水条件可能比较敏感，从而造成其与温度相关。

温度的变化会改变土体体积和塑性屈服面的形状，从而影响土体的剪切强度和刚度。针对饱和的 NC 黏土的研究发现，升温引起的正超静孔隙水压力消散之后，土体体积收缩，其强度和刚度随之增加 [HOU 85, HUE 92, ABU 07b, ABU 09]；对饱和的超固结（OC）土，加热之后体积膨胀，土体表现出强度降低的特性 [PAA 67, PLU 69]。饱和土体加热之后施加力学荷载时，对 OC 黏土还可以观测到前期固结应力减小。对非饱和土体而言（与饱和土体对比），基质吸力的存在会引起硬化效应，同时使得现有前期固结应力增加 [ALO 90]。与饱和的 OC 土体类似 [ERI 89, TID 89]，非饱和土体加热之后承受力学荷载时，同样表现出前期固结应力减小 [UCH 09]。图 8.5（a）给出了不同研究的试验结果。Saix 等 [SAI 00] 研究发现，上述前期固结应力减小的规律不一定普遍适用于所有的温度范围。 Uchaipichat 和 Khalili [UCH 09] 研究结果表明，非饱和土体前期固结应力减小产生的主要影响是，增强了应力－应变关系曲线的延性，如图 8.5（b）所示。对比温度和基质吸力对非饱和土剪切强度的影响，可以发现，基质吸力对剪切强度影响相对更大。

对于能源岩土工程系统中可能遇到的高基质吸力土体而言，不一定具有图 8.5 中所示的规律。Alsherif 和 McCartney [ALS 12] 进行的初步工作表明，温度对高基质吸力情况下的密实粉土剪切强度影响不显著；对初始基质吸力大约为 100MPa、平均法向净压力相同但温度不同的试样，应力－应变关系曲线类似且均为硬化模型，如图 8.6（a）中所示。基于试样在不同初始基质吸力和不同温度下

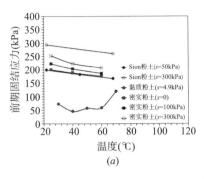

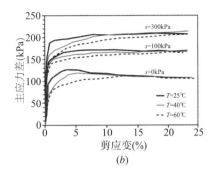

图 8.5

(a) 加热对粉土前期固结应力 [SAI 00，FRA 05，UCH 09] 的影响；
(b) 加热对非饱和粉土应力 – 应变曲线 [UCH 09] 的影响

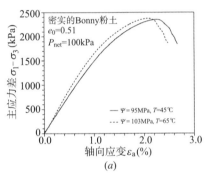

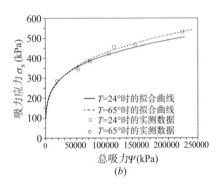

图 8.6　高基质吸力和高温下密实粉土剪切强度

(a) 应力 – 应变曲线（e_0= 初始孔隙比，P_{net}= 法向净应力，ψ= 吸力，T= 温度）；
(b) 基质吸力 – 应力关系特征曲线

的失效包络线中获得的基质吸力 – 应力特征关系曲线（图 8.6b），呈现出与图 8.6(a) 类似的规律。

8.5　非饱和土中热效应引起的水力特性

众多研究结果表明 [VAN 96，NUT 08，KHA 98]，非饱和土体中有效应力与土 – 水特征曲线（SWRC）之间存在关联。Khalili 和 Khabbaz [KHA 98] 研究发现，有效应力中基质吸力的作用很大程度上取决于基质吸力与空气输入吸力之间的比值；空气输入吸力对于 SWRC 而言十分重要。Lu 等 [LU 10] 整合 SWRC 为有效应力的关系公式如下式：

$$\sigma' = (\sigma - u_{\mathrm{a}}) + (u_{\mathrm{a}} - u_{\mathrm{w}})/\left(1 + \alpha(u_{\mathrm{a}} - u_{\mathrm{w}})^n\right)^{(n-1)/n} \tag{8.1}$$

式中，σ' 和 σ 分别为有效应力和总应力，u_{a} 和 u_{w} 分别为孔隙气压力和孔隙水压力，n 和 α 为 Van Genuchten [VAN 80] SWRC 模型参数。

对饱和土体，式（8.1）可以退化成有效应力的经典定义形式；因此，该式既可以用来解释非饱和土体，也可以用来解释饱和土体的剪切强度。由于非饱和土体的持水性随着温度的升高而降低 [NIM 86，HOP 86，GRA 96，ROM 01，BAC 02，SAL 07，UCH 09]；因此，非饱和土中温度对有效应力的影响可以通过 SWRC 评估。具体而言，就是在开尔文模型中，界面张力和土－液体接触角作为基质吸力的重要变量，与温度相关；纯水的界面张力以 0.2%/℃ 的比率降低 [GRA 96]，土－液体接触角以 0.26°/℃ 降低 [BAC 02]。恒温条件下定义的土－水特征曲线如图 8.7（a）所示；随着饱和度的降低温度对基质吸力大小的影响也逐渐增大 [GRA 96]。对密实粉土，在饱和度为 0.4，基质吸力为 100kPa 点处，观察到温度升高基质吸力下降显著，这说明温度可能影响有效应力。Grant 和 Salehzadeh [GRA 96] 以及 Salager 等 [SAL 07] 针对温度对 SWRC 的影响，使用开尔文基质吸力方程开发出了增量形式的模型；该模型考虑了土体和水的相对热膨胀特性，但是没有包含一般形式的 SWRC 方程。高基质吸力情况下，温度对 SWRC 的影响一直是相关研究人员持续关注的热点问题之一。Alsherif 和 McCartney [ALS 13] 使用蒸汽循环技术原理，开发了可以控制基质吸力的新型热三轴试验装置 [LIK 03]；使用该装置可以在不同温度（T）下保持相对湿度（R_{h}）恒定，如图 8.7（b）所示，

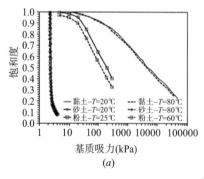
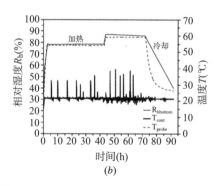

图 8.7

（a）温度对黏土 [ROM 03]，粉土 [UCH 09] 和砂土 [EWE 89] 土水特征曲线的影响；
（b）高基质吸力情况下加热对密实粉土的影响 [ALS 12]

从而可以实现升温过程中保持土体高基质吸力恒定。

8.6　土－土工合成材料相互作用热效应

由于挤压的土工合成材料与细粒土之间接触并不致密；所以，这些有纺土工布、土工格栅或者无纺土工布等土工合成材料常常可以用来改善回填土的排水性。关于这方面研究的一个重点是测量基质吸力对土－土工合成材料接触面剪切强度的影响 [HAT 08，SHA 98，HAM 09，KHO 10]；多数研究者使用双应力状态变量解释基质吸力对剪切强度的影响（图8.8*a*和*b*）。但是，前面部分的研究结果表明，当剪切强度用有效应力解释时，温度的影响可能更容易说明。土体的SWRC（图8.8*c*）表明，接触面剪切强度可以使用单值有效应力进行合理的解释（图8.8*d*）；这也从侧面说明非饱和土－土工合成材料接触面的剪切强度很大程度上还是取决

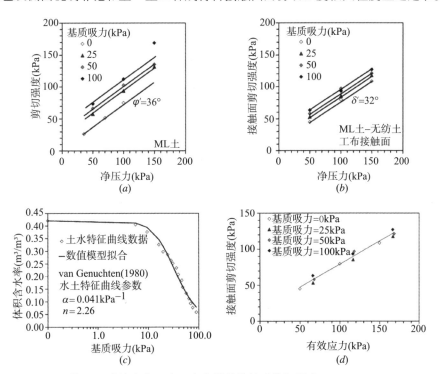

图8.8　非饱和土－土工合成材料接触面剪切强度 [KHO 10]
（*a*）基质吸力对土体的影响（ϕ'是土体的摩擦角）；（*b*）基质吸力对土－土工合成材料接触面的影响（δ'是土－土工合成材料接触面摩擦角）；（*c*）土水特征曲线；（*d*）有效应力表示的接触面剪切强度

于土体基质吸力的大小。

　　土工合成材料拉应力－拉应变行为的温度敏感性，一定程度上造成了能源岩土工程系统的复杂化；基于阶梯式等温法，可以利用这种温度敏感性加速土工合成材料的蠕变过程 [THO 98，ZOR 04，BUE 05]。针对土工合成材料进行的无侧限热蠕变试验结果表明，土工合成材料的蠕变应变随着温度的升高呈线性增加，具体结果如图 8.9（a）所示。但是，实际土体中，土工合成材料受到的约束会阻止材料结构的几何变形，从而降低热蠕变的影响 [MCG 82]。由图 8.9（b）可知，当土工合成材料实际拉伸强度与极限抗拉强度 p_{ult} 的比值较高时，其受到的约束不仅会使材料初始拉应变减小，而且会降低材料的蠕变速率 [FRA 11]。

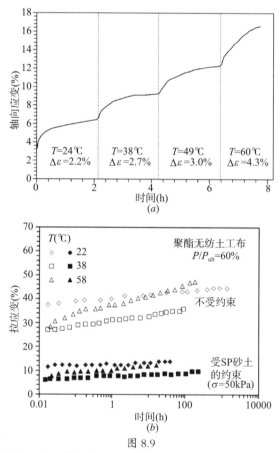

图 8.9

（a）升温引发的土工织物的蠕变（$\Delta\varepsilon$）[ZOR 04]；（b）围压对无纺土工布蠕变的影响
（$\sigma=$ 围压，$P=$ 拉应力，$P_{ult}=$ 极限抗拉强度）[FRA 11]

8.7 本章小结

本章归纳总结了一些非饱和土中发展能源岩土工程系统的关键问题。解决这些问题需要综合考虑加筋非饱和土中热－流－固过程的影响，需要理解非饱和土与土工合成材料热蠕变变形之间的相互作用，因此非常有必要开展进一步的研究。尽管已有研究尚未解决其关键性问题，但是，已有文献研究结果表明，在土体支护系统中用升温引发的水分迁移保持土体非饱和状态是可行的；在合适的条件下，可以尝试采用其他类型的回填土，从而扩展目前可选择的回填土范围。此外，虽然从加热改良土体的观点看，温度对土体可能有一些不利影响；但是，升温引发的水分迁移可以提高土体基质吸力，这种积极的影响可能足以抵消温度带来的不利方面。能源岩土工程系统的另外一个技术优势就是可以散掉建筑物或者工业上产生的废热。

致谢

本章研究成果受美国国家自然科学基金项目资助（编号：CMMI-1054190），本章作者对此表示衷心的感谢；本章相关研究结论仅代表作者个人观点。

参考文献

[ABD 81] ABDEL-HADI O., MITCHELL J. "Coupled heat and water flows around buried cables", *Journal of the Soil Mechanics and Foundations Engineering Division*, vol. 107, no. 11, pp. 1461–1487, 1981.

[ABU 07a] ABUEL-NAGA H., BERGADO D., BOUAZZA A., *et al.*, "Volume change behavior of saturated clays under drained heating conditions: experimental results and constitutive modeling", *Canadian Geotechnical Journal*, vol. 44, no. 8, pp. 942–956, 2007.

[ABU 07b] ABUEL-NAGA H., BERGADO D., LIM B. "Effect of temperature on shear strength and yielding behavior of soft Bangkok clay", *Soils and Foundations*, vol. 47, no. 3, pp. 423–436, 2007.

[ABU 09] ABUEL-NAGA H., BERGADO D., BOUAZZA A., *et al.*, "Thermo-mechanical model for saturated clays", *Géotechnique*, vol. 59, no. 3, pp. 273–278, 2009.

[ALO 90] ALONSO E., GENS A., JOSA A., "A constitutive model for partially saturated soils", *Géotechnique*, vol. 40, pp. 405–430, 1990.

[ALS 12] ALSHERIF N., MCCARTNEY J. "Nonisothermal shear strength of soils under high suctions", *2nd European Unsaturated Soils Conference*, Napoli, p. 8, 21–22 June 2012.

[ALS 13] ALSHERIF N., McCARTNEY J., "Triaxial cell for nonisothermal shear strength of compacted silt under high suction magnitudes", *1st Pan-American Conference on Unsaturated Soils*, Cartagena de Indias, Colombia, 20–22 February 2013.

[BAC 02] BACHMANN J., HORTON R., GRANT S., *et al.*, "Temperature dependence of water retention curves for wettable and water-repellent soils", *Soil Science Society of America Journal*, vol. 66, pp. 44–52, 2002.

[BAL 88] BALDI G., HUECKEL T., PELLEGRINI R., "Thermal volume changes of the mineral-water system in low-porosity clay soils", *Canadian Geotechnical Journal*, vol. 25, pp. 807–825, 1988.

[BUE 05] BUENO B., COSTANZI M., ZORNBERG J., "Conventional and accelerated creep tests on nonwoven needlepunched geotextiles", *Geosynthetics International*, vol. 12, no. 6, pp. 276–287, 2005.

[CAM 68] CAMPANELLA R., MITCHELL J., "Influence of temperature variations on soil behavior", *Journal of the Soil Mechanics and Foundations Engineering Division*, vol. 94(3), pp. 709–734, 1968.

[CAR 62a] CARY J., TAYLOR S., "The interaction of the simultaneous diffusions of heat and water vapor", *Soil Science Society of America Proceedings*, vol. 26, pp. 413–416, 1962.

[CAR 62b] CARY J., TAYLOR S., "Thermally driven liquid and vapor phase transfer of water and energy in soil", *Soil Science Society of America Proceedings*, vol. 26, pp. 417–420, 1962.

[CEK 04] CEKEREVAC C., LALOUI L., "Experimental study of thermal effects on the mechanical behavior of a clay", *International Journal for Numerical Analytical Methods in Geomechanics*, vol. 28, pp. 209–228, 2004.

[COC 13] COCCIA C., McCARTNEY J., "Impact of heat exchange on the thermo-hydromechanical response of reinforced embankments", *GeoCongress 2013*, ASCE, San Diego, CA, p. 10, 3–5 March 2013.

[CUI 00] CUI Y., SULTAN N., DELAGE P., "A thermomechanical model for clays", *Canadian Geotechnical Journal*, vol. 37, no. 3, pp. 607–620, 2000.

[CUI 09] CUI Y., LE T., TANG A., *et al.*, "Investigating the time-dependent behaviour of Boom clay under thermo-mechanical loading", *Géotechnique*, vol. 59, no. 4, pp. 319–329, 2009.

[DEL 00] DELAGE P., SULTAN N., CUI Y., "On the thermal consolidation of Boom clay", *Canadian Geotechnical Journal*, vol. 37, pp. 343–354, 2000.

[DEM 82] DEMARS K., CHARLES R., "Soil volume changes induced by temperature cycling", *Canadian Geotechnical Journal*, vol. 19, pp. 188–194, 1982.

[DRB 96] DRBAL L., WESTRA K., BOSTON P., *Power Plant Engineering*, 1st ed., Springer, New York, 1996.

[ELI 01] ELIAS V., CHRISTOPHER B., BERG R., Mechanically stabilized earth walls and reinforced soil slopes: design and construction guidelines, Report No. FHWA-NHI-00-043, Federal Highway Administration, Washington DC, p. 418, 2001.

[ERI 89] ERIKSSON L., "Temperature effects on consolidation properties of sulphide clays", *Proceedings of the 12th International Conference on Soil Mechanics and Foundation Engineering*, vol. 3, Rio de Janeiro, Taylor and Francis , pp. 2087–2090, 1989.

[EWE 89] EWEN J., THOMAS H., "Heating unsaturated medium sand", *Géotechnique*, vol. 39, no. 3, pp. 455–470, 1989.

[FAR 81] FAROUKI O., *Thermal Properties of Soils*, US Army Corps of Engineers, CRREL Monograph 81-1, 1981.

[FIN 51] FINN F., "The effects of temperature on the consolidation characteristics of remolded clay", *Symposium on Consolidation Testing of Soils*, ASTM STP 126, pp. 65–72, 1951.

[FRA 05] FRANCOIS B., SALAGER S., EL YOUSSOUFI M.S., *et al.*, "Compression tests on a sandy silt at different suction and temperature levels", *Proc. GeoDevers 2007, GSP 157: Computer Applications in Geotechnical Engineering*, ASCE, p. 10, 2005.

[FRA 08] FRANCOIS B., LALOUI L., "Unsaturated soils under non-isothermal conditions: framework of a new constitutive model", *GeoCongress 2008*, ASCE, New Orleans, LA, pp. 1077–1083, 2008.

[FRA 11] FRANCA F., BUENO B., ZORNBERG J., "Journal confinadoes e aceleradoes de fluencia em geossinteticos", *Revista Fundações e Obras Geotécnicas*, vol. 2, no. 12, pp. 56–63, 2011.

[GRA 96] GRANT S., SALEHZADEH A., "Calculations of temperature effects on wetting coefficients of porous solids and their capillary pressure functions", *Water Resources Research*, vol. 32, pp. 261–279, 1996.

[GRA 01] GRAHAM J., TANAKA N., CRILLY T., *et al.*, "Modified Cam-Clay modeling of temperature effects in clays", *Canadian Geotechnical Journal*, vol. 38, no. 3, pp. 608–621, 2001.

[HAM 09] HAMID T., MILLER G., "Shear strength of un-saturated soil interfaces", *Canadian Geotechnical Journal*, vol. 46, pp. 595–606, 2009.

[HAT 08] HATAMI K., KHOURY C., MILLER G., "Suction-controlled testing of soil-geotextile interfaces", *GeoAmericas 2008*, Cancun, Mexico, p. 10, 2008.

[HOP 86] HOPMANS J., DANE J., "Temperature dependence of soil hydraulic properties", *SSSA Journal*, vol. 50, pp. 4–9, 1986.

[HOU 85] HOUSTON S., HOUSTON W., WILLIAMS N., "Thermo-mechanical behavior of seafloor sediments", *Journal of Geotechnical Engineering*, vol. 111, no. 12, pp. 1249–1263, 1985.

[HUE 90a] HUECKEL T., BALDI M., "Thermoplasticity of saturated clays: experimental constitutive study", *Journal of Geotechnical Engineering*, vol. 116, no. 12, pp. 1778–1796, 1990.

[HUE 90b] HUECKEL T., BORSETTO M., "Thermoplasticity of saturated soils and shales: constitutive equations", *Journal of Geotechnical Engineering*, vol. 116, no. 12, pp. 1765–1777, 1990.

[HUE 92] HUECKEL T., PELLEGRINI R., "Effective stress and water pressure in saturated clays during heating-cooling cycles", *Canadian Geotechnical Journal*, vol. 29, pp. 1095–1102, 1992.

[HUE 09] HUECKEL T., FRANÇOIS B., LALOUI L., "Explaining thermal failure in saturated clays", *Géotechnique*, vol. 59, no. 3, pp. 197–212, 2009.

[KHA 98] KHALILI N., KHABBAZ M.H., "A unique relationship for the determination of shear strength of unsaturated soils", *Géotechnique*, vol. 48, pp. 681–688, 1998.

[KHA 04] KHALILI N., GEISER F., BLIGHT G., "Effective stress in unsaturated soils: a review with new evidence", *International Journal of Geomechanics*, vol. 4, no. 2, pp. 115–126, 2004.

[KHO 10] KHOURY C., MILLER G., HATAMI K., "Shear strength of unsaturated soil-geotextile interfaces", *GeoFlorida 2010, Advances in Analysis, Modeling and Design, GSP 199*, pp. 307–316, 2010.

[KUN 95] KUNTIWATTANAKUL P., TOWHATA I., OHISHI K., *et al.*, "Temperature effects on undrained shear characteristics of clay", *Soils and Found*, vol. 35, no. 1, pp. 147–162, 1995.

[LAL 03] LALOUI L., CEKEREVAC C., "Thermo-plasticity of clays: an isotropic yield mechanism", *Computers and Geotechnics*, vol. 30, no. 8, pp. 649–660, 2003.

[LIK 03] LIKOS W., LU N., "Automated humidity system for measuring total suction characteristics of clay", *Geotechnical Testing Journal*, vol. 26, no. 2, pp. 1–12, 2003.

[LU 06] LU N., LIKOS W., "Suction stress characteristic curve for unsaturated soil", *Journal of Geotechnical and Geoenvironmental Engineering*, vol. 132, no. 2, pp. 131–142, 2006.

[LU 10] LU N., GODT J., WU D., "A closed-form equation for effective stress in unsaturated soil", *Water Resources Research*, vol. 46, p. 14, 2010.

[MCC 04] MCCARTNEY J., ZORNBERG J., "Use of moisture profiles and lysimetry to assess evapotranspirative cover performance", *5th International PhD Symposium in Civil Engineering*, Delft, the Netherlands, pp. 961–969, 2004.

[MCG 82] MCGOWN A., ANDRAWES K., KABIR M., "Load-extension testing of geotextiles confined in soil", *2nd International Conference on Geotextiles*, Las Vegas, NV, pp. 793–798, 1982.

[MCK 65] MCKINSTRY H., "Thermal expansion of clay minerals", *The American Mineralogist*, vol. 50, pp. 212–222, 1965.

[MIL 82] MILLY P., "Moisture and heat transport in hysteretic, inhomogeneous porous media: A matric head-based formulation and a numerical model", *Water Resources Research*, vol. 18, no. 3, pp. 489–198, 1982.

[MIL 96] MILLY P., "Effects of thermal vapor diffusion on seasonal dynamics of water in the unsaturated zone", *Water Resources Research*, vol. 32, no. 3, pp. 509–518, 1996.

[MIL 07] MILLER G., HAMID T., "Interface direct shear testing of unsaturated soil", *Geotechnical Testing Journal*, vol. 30, no. 3, pp. 1–10, 2007.

[MIT 95] MITCHELL J., ZORNBERG J., "Reinforced soil structures with poorly draining backfills. Part II: case histories and applications", *Geosynthetics International*, vol. 2, no. 1, pp. 265–307, 1995.

[MIT 05] MITCHELL J., SOGA K., *Fundamentals of Soil Behavior*, 3rd ed., John Wiley & Sons, Inc., New York, 2005.

[NIM 86] NIMMO J., MILLER E., "The temperature dependence of isothermal moisture vs. potential characteristics of soils", *SSSA Journal*, vol. 50, pp. 1105–1113, 1986.

[NRE 97] NRECA, Geothermal Heat Pumps: Introductory Guide, RER Project 86-1A, National Rural Electric and Cooperative Association, p. 99, 2007.

[NUT 08] NUTH M., LALOUI L., "Effective stress concept in unsaturated soils: clarification and validation of a unified framework", *International Journal for Numerical and Analytical Methods in Geomechanics*, vol. 32, pp. 771–801, 2008.

[OGO 08] OGORZALEK A., BOHNHOFF G., SHACKELFORD C., *et al.*, "Comparison of field data and water-balance predictions for a capillary barrier cover", *Journal of Geotechnical and Geoenvironmental Engineering*, vol. 134, no. 4, pp. 470–486, 2008.

[OME 08] OMER A., "Ground-source heat pumps systems and applications", *Renewable and Sustainable Energy Reviews*, vol. 12, no. 2, pp. 344–371, 2008.

[PAA 67] PAASWELL R., "Temperature effects on clay soil consolidation", *Journal of the Soil Mechanics and Foundation Engineering Division*, vol. 93, no. 3, pp. 9–22, 1967.

[PHI 57] PHILIP J., DE VRIES D., "Moisture movement in porous materials under temperature gradients", *Transactions of the American Geophysical Union*, vol. 38, no. 2, pp. 222–232, 1957.

[PLU 69] PLUM R., ESRIG M., Some temperature effects on soil compressibility and pore water pressure, Report 103, Highway Research Board, Washington, DC, pp. 231–242, 1969.

[ROM 01] ROMERO E., GENS A., LLORET A., "Temperature effects on the hydraulic behavior of an unsaturated clay", *Geotechnical and Geological Engineering*, vol. 19, pp. 311–332, 2001.

[ROM 03] ROMERO E., GENS A., LLORET A., "Suction effects on a compacted clay under non-isothermal conditions", *Géotechnique,* vol. 53, no. 1, pp. 65–81, 2003.

[ROM 05] ROMERO E., VILLAR M., LLORET A., "Thermo-hydro-mechanical behavior of heavily overconsolidated clays", *Engineering Geology*, vol. 81, pp. 255–268, 2005.

[SAB 97] SABATINI P., ELIAS V., SCHMERTMANN G., *et al.*, *Geotechnical Engineering Circular Number 2: Earth Retaining Systems*, FHWA, Washington, DC, 1997.

[SAI 90] SAIX C., JOUANNA P., "Appareil triaxial pour l'étude du comportement thermique de sols non saturés", *Canadian Geotechnical Journal*, vol. 27, pp. 119–128, 1990.

[SAI 91] SAIX C., "Consolidation thermique par chaleur d'un sol non saturé", *Canadian Geotechnical Journal*, vol. 28, pp. 42–50, 1991.

[SAI 00] SAIX C., DEVILLERS P., EL YOUSSOUFI M., "Élément de couplage thermomécanique dans la consolidation de sols non saturés", *Canadian Geotechnical Journal*, vol. 37, pp. 308–317, 2000.

[SAL 07] SALAGER S., EL YOUSSOUFI M., SAIX C., "Influence of temperature on the water retention curve of soils: modelling and experiments", SCHANZ T. (ed.), *Experimental Unsaturated Soil Mechanics*, Springer, pp. 251–258, 2007.

[SCA 02] SCANLON B., CHRISTMAN M., REEDY R., *et al.*, "Intercode comparisons for simulating water balance of surficial sediments in semiarid regions", *Water Resources Research*, vol. 38, no. 12, pp. 1–16, 2002.

[SHA 98] SHARMA J., FLEMING I., JOGI M., "Measurement of unsaturated soil-geomembrane interface shear strength parameters", *Canadian Geotechnical Journal*, vol. 44, pp. 78–88, 2007.

[SMI 13] SMITS K., SAKAKI T., HOWINGTON S., *et al.*, "Temperature dependence of thermal properties of sands across a wide range of temperatures (30–70°C). *Vadose Zone Journal*, vol. 12, no. 1, p. 8, 2013.

[SUL 02] SULTAN N., DELAGE P., CUI Y., "Temperature effects on the volume change behavior of Boom clay", *Engineering Geology*, vol. 64, pp. 135–145, 2002.

[TAN 08] TANG A., CUI Y., BARNEL N., "Thermo-mechanical behavior of a compacted swelling clay", *Géotechnique*, vol. 58, no. 1, pp. 45–54, 2008.

[TAN 09] TANG A., CUI Y., "Modelling the thermomechanical volume change behaviour of compacted expansive clays", *Géotechnique*, vol. 59, no. 3, pp. 185–195, 2009.

[TAY 64] TAYLOR S., CARY J., "Linear equations for the simultaneous flow of water and energy in continuous soil system", *Soil Science Society of America Proceedings*, vol. 28, pp. 167–172, 1964.

[THO 95a] THOMAS H., HE Y., "Analysis of coupled heat, moisture, and air transfer in a deformable unsaturated soil", *Géotechnique*, vol. 45, no. 4, pp. 677–689, 1995.

[THO 95b] THOMAS H., SANSOM M., "Fully coupled heat, moisture, and air transfer in an unsaturated soil", *Journal of Engineering Mechanics*, vol. 12, no. 3, pp. 392–405, 1995.

[THO 96] THOMAS H., HE Y., SANSOM M., *et al.*, "On the development of a model of the thermo-mechanical-hydraulic behavior of unsaturated soils", *Engineering Geology*, vol. 41, pp. 197–218, 1996.

[THO 98] THORNTON J., ALLEN S., THOMAS R., *et al.*, "The stepped isothermal method for time-temperature superposition and its application to creep data on polyester yarn", *6th International Conference on Geosynthetics*, IGS, Atlanta, pp. 699–706, 1998.

[TID 89] TIDFORS M., SÄLLFORS G., "Temperature effect on preconsolidation pressure", *Geotechnical Testing Journal*, vol. 12, no. 1, pp. 93–97, 1989.

[TOW 93] TOWHATA I., KUNTIWATTANAKUL P., SEKO I., *et al.*, "Volume change of clays induced by heating as observed in consolidation tests", *Soils and Foundations*, vol. 33, no. 4, pp. 170–183, 1993.

[UCH 09] UCHAIPICHAT A., KHALILI N., "Experimental investigation of thermo-hydro-mechanical behaviour of an unsaturated silt", *Géotechnique*, vol. 59, no. 4, pp. 339–353, 2009.

[VAN 96] VANAPALLI S., FREDLUND D., PUFAHL D., *et al.*, "Model for the prediction of shear strength with respect to soil suction", *Canadian Geotechnical Journal*, vol. 33, pp. 379–392, 1996.

[VAN 80] VAN GENUCHTEN M., "A closed-form equation for predicting the hydraulic conductivity of unsaturated soils", *Soil Science Society of America Journal*, vol. 44, pp. 892–898, 1980.

[WIL 94] WILSON G., FREDLUND D., BARBOUR S., "Coupled soil-atmosphere modeling for soil evaporation", *Canadian Geotechnical Journal*, vol. 31, pp. 151–161, 1994.

[YON 96] YONG R., MOHAMED A., "Evaluation of coupled heat and moisture flow patterns in a bentonite-sand buffer material", *Engineering Geology*, vol. 41, pp. 269–286, 1996.

[ZOR 94] ZORNBERG J., MITCHELL J., "Reinforced soil structures with poorly draining backfills. Part I: reinforcement interactions and functions", *Geosynthetics International*, vol. 1, no. 2, pp. 103–148, 1994.

[ZOR 95] ZORNBERG J., CHRISTOPHER B., MITCHELL J., "Performance of a geotextile-reinforced slope using de-composed granite as backfill material", *2nd Brazilian Symposium on Geosynthetics*, São Paulo, Brazil, pp. 19–29, July 1995.

[ZOR 04] ZORNBERG J., BYLER B., KNUDSEN J., "Creep of geotextiles using time-temperature superposition methods", *Journal of Geotechnical and Geoenvironmental Engineering*, vol. 130, no. 11, pp. 1158–1168, 2004.

[ZOR 05] ZORNBERG J., MCCARTNEY J., "Evaluation of evapotranspiration from alternative landfill covers at the Rocky Mountain Arsenal", *Experus 2005, Trento, Italy*, Balkema, Rotterdam, 27–29 June 2005.

第9章
制冷需求为主气候下能源地下结构

Ghassan Anis AKROUCH, Marcelo SANCHEZ & Jean-Louis BRIAUD

9.1 引言

在过去的 20 年间，作为地源热泵热交换器的地下结构形式在欧洲已经得到了成功应用，其主要是用来供暖。这种系统在世界其他地区的设计和发展，需要结合当地的地域气候特征考虑。在寒冷地区（例如北欧），供暖需求明显大于制冷需求；而在炎热地区，却正好相反。从热动力学角度分析能源地下结构在加热和降温应该是等量的，但是在实际工程应用中是有区别的。在以制冷需求为主的炎热气候环境中，高温、高蒸发、不定时的降雨及地下水位的波动都会影响土体环境，同时还会影响能源地下结构做为热交换器的效率。另外，系统经过常年工作后，放热 / 吸热的不平衡会导致土体的温度升高，并影响能源地下结构的长期性能。本章总结气候因素对土体环境的影响及在不同类型的土体与环境中能源地下结构性能的差异。

9.2 气候因素对土体环境及性能的影响

全世界范围内，存在着不同的气候区域，主要体现在如下几个方面的不同：（1）空气温度；（2）降雨；（3）蒸发；（4）相对湿度（RH）。每一个因素都能影响土体的热性能、含水率（饱和度的分布）及土体内部的地下水位等 [在这之上为浅层土（SSL）]。传统的钻孔埋管地源热泵技术中，设计阶段土体可以认为是各向同性的；因为与钻孔的整体长度相比，气候因素导致的温度变化仅发生在浅层深度。但该假设对能源地下结构并不适用；能源地下结构的力学及热动力反应很明显受土体变化影响，因为这些结构的很大部分是与 SSL 直接接触的。

湿热还是干热是年平均高温气候的重要特征。在任何气候条件下，土体在特定深度以下其温度都是均匀的、连续的，且等于年平均空气温度。该深度称为热隔离（TI）深度。TI 深度是土壤类型及热性能的一个重要参数。在以降温为主的区域，其地热能源系统通过在管中循环热液体将温度释放到土体中；土体温度升高会降低系统降温的效率。

降雨分布和相应的地下水位位置与波动，是影响土体性质及环境的另一个重要因素。合理的降雨和降雪，适宜的寒冷气候能够使 SSL 常年保持在饱和的状态。相反，很少的、不定时的降雨将对土体饱和度分布造成较大影响。

另外，蒸发量作为水分蒸发及迁移量的总和，影响土体的湿度分布。较热环境中的高温、水分蒸发以及树草等从土壤中吸收水分等，将会导致土体更加干燥，也将会影响浅层土中湿度分布。RH 的改变同样也会影响土体湿度。根据 psychometric 法则，土体基质吸力与 RH 相关；土体含水率（饱和度）取决于在其含水率下基质吸力曲线值 [FRE 93，LU 04]。

在高温气候环境中，制冷为主要需求，能源地下结构受到的热负荷并不平衡。与热吸收相比，热释放更多将会导致土体及桩体温度的不断提高。土体温度的升高，会使能源地下结构与土体之间的热交换率下降，从而会使得能源地下结构的长期热动力性能减弱。能源地下结构温度的升高会产生附加应力与应变，会引起上部结构产生额外的沉降。解决此问题，能源地下结构的设计可以使用较低的热交换率或者混合系统。

总的来说，气候因素影响浅层土的土体环境，特别是土体饱和度的分布（图9.1）。由于土体性质与饱和度有直接联系，所以在设计能源地下结构时需要考虑这些因素，特别是在高温气候中。

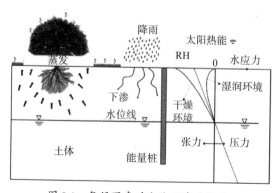

图 9.1　气候因素对土体环境的影响

9.3　非饱和、饱和土热性能和热传递

土体作为三相多孔物质，包括固体（固体颗粒）、液体（水）、和气体（空气）。当土体饱和时，所有的孔隙全部被水填充；当土体完全干燥时，孔隙全部被空气填充；当土体非饱和时，孔隙被水和空气的混合物所填充。土体中热传递可以通过热传导、对流及辐射等。热辐射传递几乎可以忽略不计，在砂土中热传递影响不超过1%[REE 00]。在有地下水的环境中，热传导很明显。热对流是热传递中最相关的热传递过程，并由傅里叶法则控制 [FOU 22]。组成土体的各相材料的热性质不同，且各相材料受温度影响的程度也不同，土体的热性质主要取决于土体中各相的体积含量。土体中热传导与含水率的关系可以用固液相互作用来解释（图9.2）。在含水率（其精确值受土的结构及土颗粒的表面情况影响，在这里用"θ_1"表示）非常低情况下，水膜的厚度较薄并不能够提高土颗粒之间联系。因此，土的热传导保持连续保持在 θ_1 值。当含水率超过边界值时，以水为媒介的土颗粒间的桥梁开始建立并发展，导致热传导率的迅速增加。最终，土体中含水量的增加取决于由水中气体的移动。当发生这种情况时，热传导的增长率就会减慢 [SEP 79，TAR 02]。

科研人员用不同的模型预测非饱和土的热特性。比如，Johansen[JOH 75] 首次提出有效热传导率的概念。Côté 和 Konrad[CÔT 05] 提出了一种经验模型：将有效热传导率（λ_e）与土的饱和度（S_l）、土的孔隙率（ϕ）、土的质地（由 κ 代表）以及土颗粒形状参数（由 χ 和 η）有效地关联在一起（公式9.1和9.2）。不同土的 κ、χ 及 η 值列在表9.1中。

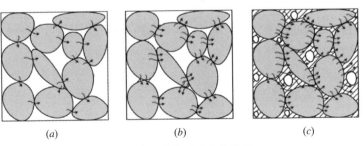

图 9.2　在不同情况下土中热流动
(a) 干燥土；(b) 部分饱和土；(c) 饱和土

$$\lambda_e = \frac{\lambda - \lambda_{dry}}{\lambda_{sat} - \lambda_{dry}} = f(S_l) \; , \; f(S_l) = \frac{\kappa S_l}{1 + (\kappa - 1)S_l} \tag{9.1}$$

$$\lambda_{sat} = \lambda_s^{1-\phi} \times 0.6^{\phi} \text{且} \; \lambda_{dry} = \chi^{10-\eta\phi} \tag{9.2}$$

式中，λ、λ_{sat}、λ_{dry} 及 λ_s 分别为土体、饱和状态、干燥状态和固体热传导率。

不同土质地及形状参数值 [CÔT 05]   表 9.1

土体类型	κ		χ	η
	非冻土	冻土		
碎石及粗砂	4.6	1.70	1.70	1.80
中细砂	3.55	0.95	0.75	1.20
粉土及黏土	1.90	0.85	0.75	1.20
有机纤维土（泥炭）	0.60	0.25	0.30	0.87

9.4   能源地下结构对周围土体的影响

设计能源地下结构，是为了满足上部建筑结构的荷载需求及供热需求。土体环境的改变将会影响能量桩的结构性功能及热动力性能。本节将重点关注后者问题。为了了解土体环境对能源地下结构性能的影响，德州农工大学相关研究人员进行了大量的室内试验及数值模拟。为了研究能量桩在特定深度处的热力学响应，室内平面试验是在某一特定的砂土环境中开展的；基于不同土体饱和度 S_l，即从完全干燥到完全饱和的不同情况中进行试验。利用数值模型计算土与能量桩之间的热交换率。平面试验及数值模型的结果用以判断热传递率与土体饱和度的关系。数值模型中考虑了桩、土的竖向分布特性。热量与饱和度分布关系，能量桩的效率比（ε）由数值模型计算得到。能量桩的效率比是由土在非饱和状态下传递的热量 Q_{unsat} 和完全饱和状态下传递的热量 Q_{sat} 之间的比值确定的。

9.4.1   模型试验设计

模型试验中采用的混凝土能量桩，是在周围装满砂土的木质模型槽中浇筑完成。该段桩内部放置两根 PVC 管用来模拟能量桩中的换热管。木质模型槽的上部和下部被两块绝缘板覆盖以减少热传递，使之更趋近一个二维问题。PVC 管内充满水，并设置带有调节器的加热器以控制水温。水温加热并控制在37℃，在12种不同的土体湿度环境中，进行持续48h的重复试验。用数据采集仪记录桩-土界面及不同位置土体的温度（点B、C、D、E、F和G）；分析模型桩段在不同土体湿度范围（从干燥到饱和之间）环境里的特性。本章描述的是0.3m直径桩在三种不同湿度环境：完全干燥土（试验1），部分饱和土（试验4）和完全饱和土（试验6）。

　　模型试验所用的土体材料为中细砂，其工程特性及热特性见表9.2。砂土的热传导率是按照Shanon和Wells[SHA 47]中的方法计算得到。该方法中，将圆柱形土样放在恒温箱中，然后记录试样中心的温度增长情况。基于分析结果，反算热参数。在本节试验中使用的混凝土及PVC管热传导系数分别为1.4和0.15W/(m·K)。

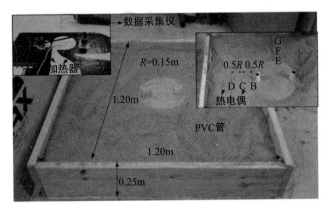

图9.3　模型试验布置实物图

不同试验土的工程及热参数　　　　表9.2

试验编号	k [W/(m·K)]	S_l	ϕ	孔隙率 e	含水率 w（%）	总重度/干重度（kN/m³）
试验1	0.90	0.01	0.45	0.8	0.5	14.74/14.68
试验4	2.1	0.48	0.45	0.81	14.5	16.72/14.60
试验6	2.65	1.00	0.45	0.81	30.0	19.02/14.62

9.4.2　数值模型

　　基于CODE_BRIGHT有限元程序建立数值模型，该程序可以解决多孔介质中的热-水-固（THM）耦合问题[OLI 96，GEN 98，ALO 99]。在数值模拟过程中，并没有考虑力学问题。THM的理论框架包括平衡方程及本构方程两部分构成。式（9.3）和式（9.4）列出关于总的水量和能量的平衡方程。本章仅给出简要方程，详细的可以参考 [OLI 96]。

$$\frac{\partial}{\partial t}(\theta_l^{\mathrm{w}} S_l \phi + \theta_g^{\mathrm{w}} S_g \phi) + \nabla(\boldsymbol{j}_l^{\mathrm{w}} + \boldsymbol{j}_g^{\mathrm{w}}) = \boldsymbol{f}^{\mathrm{w}} \tag{9.3}$$

$$\frac{\partial}{\partial t}(E_s \rho_s (1-\phi) + E_l \rho_l S_l \phi + E_g \rho_g S_g \phi) + \nabla(\boldsymbol{i}_c + \boldsymbol{j}_{Es} + \boldsymbol{j}_{El} + \boldsymbol{j}_{Eg}) = \boldsymbol{f}^{\mathrm{E}} \tag{9.4}$$

式中，θ_l^{w} 为单位体积水的质量；θ_g^{w} 为单位体积空气的质量；$\boldsymbol{j}_l^{\mathrm{w}}$ 为液相状态下水的总的质量流量；$\boldsymbol{j}_g^{\mathrm{w}}$ 为气相状态下水的总的质量流量；E_s，E_l，E_g 分别为固相、液相和气相的内部能量；$\boldsymbol{i}_c$ 为传导热流；ϕ 为孔隙率；ρ_s，ρ_l，ρ_g 分别为固体、液体和气体密度；$\boldsymbol{j}_{Es}$，$\boldsymbol{j}_{El}$，$\boldsymbol{j}_{Eg}$ 分别为固体、液体和气体中的净能通量；$\boldsymbol{f}^{\mathrm{E}}$ 为内部/外部能量供应量。

用于热－水（TH）模型中的本构方程，为水流的达西定律 [式（9.5）式（9.6）] 和热流的傅里叶函数 [式（9.7）]。

$$\boldsymbol{q}_l = -\boldsymbol{K}_l (\nabla P_l - \rho_l \boldsymbol{g}) \tag{9.5}$$

式中，$\boldsymbol{q}_l$ 为液体对流；P_l 为液体压力；ρ_l 为液体密度；$\boldsymbol{g}$ 为重度；$\boldsymbol{K}_l$ 为渗透率张量，可以视为固有渗透率 k、相对渗透率 $k_{\mathrm{r},l}$ 的函数，$\boldsymbol{k}$ 定义为液体饱和状态。

$$\boldsymbol{K}_l = \boldsymbol{k}\frac{k_{\mathrm{r},l}}{\mu_l}, \; k_{\mathrm{r},l} = S_{\mathrm{e}}^{\phi}, \; S_{\mathrm{e}} = \frac{S_l - S_{lr}}{S_{ls} - S_{lr}} \tag{9.6}$$

$$\boldsymbol{i}_c = -\lambda \nabla T, \; \lambda = \lambda_{\mathrm{sat}}\sqrt{S_l} + \lambda_{\mathrm{dry}}(1 - \sqrt{S_l}) \tag{9.7}$$

式中，S_{e}、S_{lr}、S_{ls} 分别为有效、最小或残余、最大的饱和度；T 为温度；μ_l 为水的黏度。

静水环境用以数值模拟；因此用式（9.8）中表达在地下水位之上的基质吸力矩阵。在数值模拟中应用土的 Van Genuchten 模型（式（9.9））将饱和度与基质吸力 ψ 联系起来。

$$\psi = P_g - P_l \tag{9.8}$$

$$S_{\mathrm{e}} = \left[1 + \left(\frac{\psi}{P_0}\right)^{\frac{1}{1-\lambda_0}}\right]^{-\lambda_0} \tag{9.9}$$

式中，P_g、P_0、λ_0 分别为气体压力、进气值和 Van Genuchten 模型参数。

初始边界条件下能量桩横截面及纵截面数值模型网格图如图9.4所示。横截面模型是一个平面应变模型，而整根能量桩模型是一个竖向对称模型。

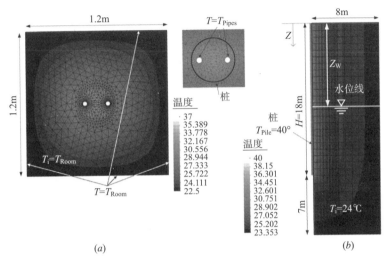

图 9.4　数值模型网格划分图

(a) 平面模型试验模型；(b) 整桩模型

平面截面模型和整桩数值模型在三种土（砂土、粉土以及砂黏土）环境下的数值模拟结果(试验1,试验4及试验6)见表9.2。三种土的含水率特征曲线如图9.5所示。由图9.5中的数据可以估算 Van Genuchten 模型参数（表9.3），在同一个图上展示了 3 种土的 Van Genuchten 模型。

整根桩数值模型分析了 3 种土,在 5 种地下水位 [z_w/H=0.00（完全饱和），0.25，0.5，0.75 及 1.0] 和 5 种不同土体饱和度分布情况下的影响规律。

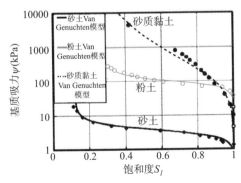

图 9.5　用于整桩数值模型的土体含水量曲线

土体类型	P_0（kPa）	λ_0	S_{lr}	ϕ
砂土 [CLA 96]	3.4	0.75	0.122	0.38
粉土 [BRO 64]	90	0.78	0.303	0.46
砂质黏土 [VAN 99]	120	0.2	0.050	0.34

砂土、粉土及砂质黏土的 Van Genuchten 模型参数　　表 9.3

9.4.3 模型试验及数值模拟结果

平面模型试验主要测量桩－土界面及不同位置土体（图 9.3 中的 B、C、D、E、F 及 G 点）的温度变化。热通量并不能通过试验测量，但可以通过数值模拟计算出来。在干燥土体环境中（试验 1）试验测量及数值模拟所得的桩－土界面及土体的温度值如图 9.6 所示；数值模拟与实测数据结果吻合良好，从而验证以数值

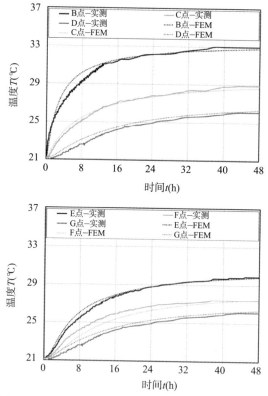

图 9.6　试验 1 在不同位置实测与数值模拟所得的温度

模拟计算热通量是合理的。

在试验1、4、6中数值模拟计算所得的桩－土界面热通量及温度值如图9.7所示。由图9.7可知，土体的热通量受土体饱和度的影响显著。换言之，在非饱和土体中，能量桩的热效率下降。另外，热通量及温度在桩体里并不一致；在距离传热管最近的距离处值最大，在离管最远的距离处值最小。每米桩－土热交换的总量 Q 为图9.7中热通量曲线下侧区域面积。实测获得的能量桩无量纲热传导率及效率 ε 与 S_l 之间的关系曲线如图9.8所示。由图9.8可知，在土体变干燥情况下，能量桩效率下降40%。

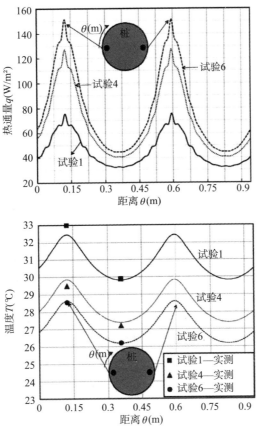

图9.7 桩土界面热通量与温度的分布

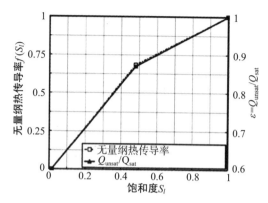

图 9.8　能量桩效率与土体饱和度的关系

9.4.4　足尺桩模型

在 3 种土体、5 种地下水位（图 9.4 定义为 z_w）情况下，单根能量桩的数值模拟结果如图 9.9 所示，该结果包括土体的饱和度（S_l）及热通量（q）。

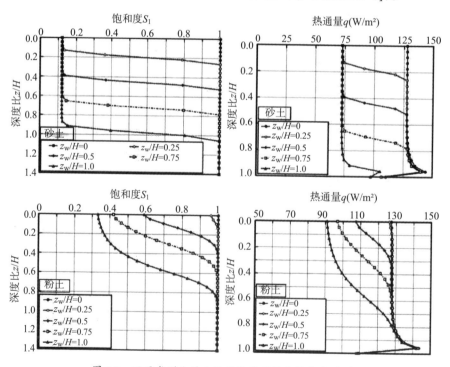

图 9.9　不同类型土的土体饱和度及热交换分布（1）

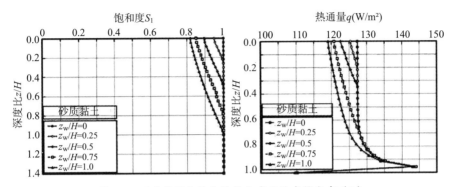

图 9.9　不同类型土的土体饱和度及热交换分布（2）

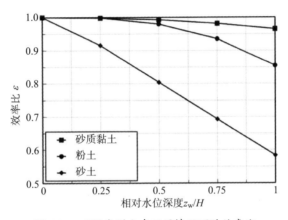

图 9.10　不同类型土在不同情况下的效率比

图 9.9 中结果显示热通量受土体饱和程度的很大影响；由图 9.9 算得土体热交换总量的效率比值与室内试验一致。不同类型土 ε 值与含水率的变化规律如图 9.10 所示。

对于本章研究的实例，水压处于静水压力状态，当水位在桩底以下时，能量桩的热效率会下降 40% 左右。

9.5　能量桩足尺现场试验

在美国德州农工大学 Liberal 艺术大楼桩基础中，安装了三根能量桩，用于研究能源地下结构的热响应特性。另外，在桩周土体中通过三个单独钻孔安装热敏电阻，用来测量及计算在能量桩工作期间土体的温度及热传递规律。能量桩与地源热泵、水箱及水泵相连。试验场地土体为高塑性黏土。现场能量桩模型试验布置及安装示意图如图 9.11 所示。

地源热泵在制热模式下工作 24h，使冷水注入桩内；然后停止热泵工作，能量桩换热管入口（T_{in}）及出口（T_{out}）平均水温及其差值如图 9.12 所示。图 9.12 也显示了能量桩 P2 中心位置处的温度变化。在关掉热泵之后，桩体温度升高至与土体温度相等。值得注意的是，在热泵工作期间，钻孔任何位置土体的温度都是不变的。

能量桩的初始温度和热泵工作 24h 后的最终温度（分别为 T_1 和 T_2）如图 9.13 所示；测量结果显示桩体温度在热泵工作 24h 后下降 10℃。

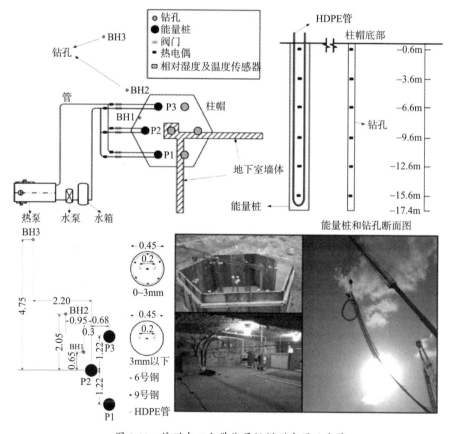

图 9.11　德州农工大学能量桩模型布置及安装

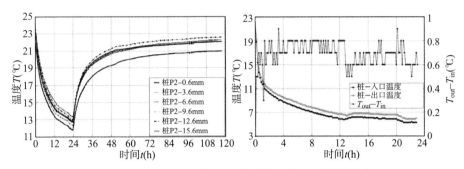

图 9.12 入口水流、出口水流及桩 P2 中心的实测温度

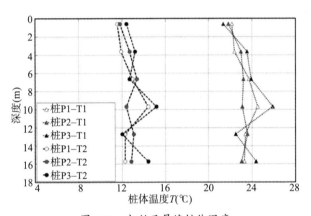

图 9.13 初始及最终桩体温度

9.6 本章小结

　　本章针对气候因素对能源地下结构的影响进行了全面的概述，并重点讨论了在高温环境中能量桩的性能。已有研究结果表明，能源地下结构设计时，需要考虑全年气候变化及浅层土体环境变化等因素的影响。高温环境中，气候主要影响土体饱和度的变化；对主要部分在浅层土以下的能源地下结构的力学及热学特性会造成直接的影响。本章研究结果表明，当考虑气候因素影响时，能量桩的热动力效率下降值最大可能达到 40%；地源热泵的工作能够明显改变能源地下结构的温度，并会引起结构物的附加应力与应变。

致谢

本章研究成果受德州农工大学、Skanska 公司的联合资助；能量桩的施工与测试仪器埋设，由 Berkel 公司及其承包商完成；地源热泵系统由 TD 公司赞助和施工；供电设备由 Britt Rice 公司赞助并安装；本章作者对此表示衷心的感谢。

参考文献

[ALO 99] ALONSO E., VAUNAT J., GENS A., "Modeling the mechanical behavior of expansive clays", *Engineering Geology*, vol. 54, pp.173–183, 1999.

[BRO 64] BROOKS R., COREY A., Hydraulic properties of porous media, Hydrology paper no. 3, Colorado State University, Fort Collins, CO, 1964.

[CLA 96] CLAYTON W.S., Relative permeability-saturation-capillary head relationships for air sparging in soils, PhD Dissertation, Colorado School of Mines, Golden, CO, 1996.

[CÔT 05] CÔTÉ J., KONRAD J.M., "A generalized thermal conductivity model for soils and construction materials", *Canadian Geotechnical Journal*, vol. 42, pp. 443–458, 2005.

[FOU 22] FOURIER J.B., *Théorie Analytique de la Chaleur*, Dover Publications, New York, NY, 1822.

[FRE 93] FREDLUND D.G., RAHARDJO H., *Soil Mechanics for Unsaturated Soils*, John Wiley & Sons, New York, 1993.

[GEN 98] GENS A., ALONSO E.E., "Constitutive models for unsaturated soils: thermodynamic approach", *Proceedings of the 2nd International Conference on Unsaturated Soils*, vol. 1, International Academic Publishers, Beijing, pp. 455–460, 1998.

[JOH 75] JOHANSEN O., Thermal conductivity of soils, PhD Thesis, Trondheim, Norway, 1975.

[LU 04] LU N., LIKOS W.J., *Unsaturated Soil Mechanics*, John Wiley & Sons, Inc., Hoboken, NJ, 2004.

[OLI 96] OLIVELLA S., GENS A., CARRERA J., et al., "Numerical formulation for a simulator (CODE-BRIGHT) for the coupled analysis of saline media", *Engineering Computations*, vol. 13, no. 7, pp. 87–112, 1996.

[REE 00] REES S.W., ADJALI M.H., ZHOU Z., et al., "Ground heat transfer effect of the thermal performance of the earth contact structures", *Renewable and Sustainable Energy*, vol. 4, no.3, pp. 213–265, 2000.

[SEP 79] Sepaskhah A.R., Boersma L., "Thermal conductivity of soils as a function of temperature and water content", *Soil Science Society of America Journal*, vol. 43, pp. 439–444, 1979.

[SHA 47] Shannon W.L., Wells W.A., "Tests for thermal diffusivity of granular materials", *Proceedings of the American Society for Testing and Materials*, vol. 47, pp. 1044–1055, 1947.

[TAR 02] Tarnawski V.R., Gori F., "Enhancement of the cubic cell soil thermal conductivity model", *International Journal of Energy Research*, vol. 26, pp. 143–157, 2002.

[VAN 99] Vanapalli S.K., Pufahl D.E., Fredlund D.G., "The influence of soil structure and stress history on the soil-water characteristic of a compacted till", *Géotechnique*, vol. 49, no. 2, pp. 143–159, 1999.

第10章
能量桩对周围土体的瞬时热扩散影响

Maria E.SURYATRIYASTUTI，Hussein MROUEH & Sebastien BURLON ）

10.1 引言

和其他地源热泵系统一样，能量桩冬季以土体为热源、夏季以土体为冷源，与地下土体进行热交换。土体作为地热能的载体，在大部分欧洲国家，地表 6m 以下位置温度可常年稳定在 10~15℃左右 [ADA 09]。由于这些区域不同季节供能需求不同，能量桩全年需针对不同季节需求提供不同热循环模式。传热管中的循环液体由水和抗冻液（丙二醇）构成 [BRA 06]，制热模式下管内注入液体温度高于土体温度 11~19℃，制冷模式下管内注入液体温度低于土体温度 6~8℃ [KAV 10]。能量桩与土体之间的热扩散会导致土体的温度变化。由于接近地表的土层受到空气温度及太阳热辐射的影响较大，在地表下几米土层的温度分布并不均匀。因此，温度场不仅受季节影响还受深度的影响。同时，土体为孔隙材料时，温度的变化还将对其水力学特性产生影响 [FRO 99，LAL 99，BRA 06]。

为了更好地理解桩土的热耦合关系，本章对已有关于能量桩及其桩周土的热传递性能的文献进行了综述和分析。已有研究对能量桩热扩散进行了热传导及热对流分析，并考虑了非均匀土壤状况及热泵的热交换率 [ROU 12，CHO 11]。本章介绍了一个能量桩季节性瞬时热传导的简化数值模型，该模型忽略地下水流和上部荷载影响。研究的主要目的是了解季节性传热管中注入液体变化导致的能量桩本身、桩－土接触面和土体温度变化，并针对不同传热管类型及进出口水流流速进行了分析。该模型包括固定深度恒温下的 2D 模型和整个深度且温度呈正弦变化的 3D 模型。结果表明温度导致桩基力学和水力学特性变化，很大程度上受到桩周土类型的影响。

10.2　热传递现象

能量桩对桩周土体的热传递速率，受土体材料多孔特性以及土体矿物成分等因素影响较大。x 代表一种多孔材料，由土壤矿物 s、液体 f 及空气 a 等部分组成。热传导发生在混凝土与土骨架之间，而热对流来自地下水的流动、孔隙水的流动及气体的扩散等。地下水蒸发凝聚循环而产生的潜在热交换只会发生在非饱和土中。热辐射只会发生在土层表面位置，对热传递的影响很小 [SUR 12]。

热通量传递主要受热传导率 λ 及热传递介质的体积热容 C_v 两个参数影响。体积热容反映了材料单位体积内储存热量的能力，由密度 ρ 及比热容 c 决定。热传导率与体积热容的比值为热扩散系数（表示为 $D_h = \lambda/C_v$），反映了材料的热扩散速率。在热对流及蒸汽流的情况中，其关键参数为渗透系数 k、位势水头 Ψ 及潜伏热 L_v；这些参数都与土体的矿物含量、粒径大小、水或空气的含量以及多孔度系数等因素关系密切。潮湿或饱和状态下土壤的体积热容高于其干燥状态，饱和土的热传导能力约为干土状态的五倍多 [RIE 07]。由于粒径的原因，粗颗粒土的渗透性要高于细粒土的三倍多 [DER 01]。热传导 q_{cond}、热对流 q_{adv} 及潜热通量 q_{latent} 之间的关系见式（10.1）～式（10.3）：

$$\vec{q}_{cond} = -\lambda \, \mathrm{grad} T \tag{10.1}$$

$$\vec{q}_{adv} = \rho_f \, c_f \, \vec{v}_{liq}(T - T_0) \tag{10.2}$$

$$\vec{q}_{latent} = L_v \vec{v}_{vap} \tag{10.3}$$

式中，T 及 T_0 分别为施加的温度和初始温度；v_{liq} 和 v_{vap} 分别为地下水流的液态流速及气态流速。

10.2.1　土体参数

10.2.1.1　地层温度

在接近地表的几米处，地层的温度随着时间和气温变化而变化 [BUR 85]。其随时间变化的值 $T(t)$ 主要是受大气温度（空气温度及太阳辐射）的影响，随深度的变化 $T(z)$ 主要受到热通量及地层的内部温度影响。其变化方程为正弦函数，见式 [10.4][HIL 04]。

$$T(z,t)=T_{\text{ave}}+A_0 e^{-\frac{z}{d}}\left(\sin\left(\omega t-\frac{z}{d}\right)\right) \tag{10.4}$$

式中，T_{ave} 为地层年平均温度；A_0 为地层年温度的最大振幅；d 为温度波动的地层深度，由式 $d=(2D_h/\omega)^{1/2}$ 表示；其中，D_h 为土壤的热扩散系数；ω 为年平均频率（$2\pi/365$）。

地层温度的波动随深度的增加而逐渐减弱甚至消失，当深度到达中性区域时，温度的变化逐渐达到稳定（地层深度为 10~50m 左右）[BUR 85]。50m 深度以下，土层将进入恒温区域。在恒温区域，温度随着地层深度每 100m 约增加 3℃ [SAN 01]。

10.2.1.2　地下水流

地下水流随着土体含水率及水在液态和气态时的温度变化而变化。总的来说，含水率很小的材料（非饱和）及含水率很高（饱和）的材料 [PHI 57]，其含水率的梯度变化对水流的影响，要高于温度梯度对其的影响。液体的热扩散在饱和土中占据主导地位，而气体的热扩散则在非饱和土中占主导地位 [PHI 57]。因此，地下水流可分为饱和土中的水流及非饱和土中的水流两类，见式（10.5）和式（10.6）：

$$\vec{v}_{\text{liq}}=-k\frac{\partial\psi}{\partial\theta}\operatorname{grad}\theta=-k\operatorname{grad}\psi \tag{10.5}$$

$$\vec{v}_{\text{vap}}=-D_{\theta\text{vap}}\operatorname{grad}\theta \tag{10.6}$$

式中，θ 为含水率；ψ 为势能水头；k 为渗透系数；$D_{\theta\text{vap}}$ 为蒸汽等温扩散系数。

10.2.2　瞬时变化中的能量守恒

为了满足瞬时变化过程中的能量守恒，根据热力学法则，单元体的含热量的时间变化率必须等于单位距离的热通量变化。如果周围的土壤有大量的地下水流，能量桩的热对流就不可忽略。考虑水力梯度等因素建立能量守恒公式，饱和土中和非饱和土中的公式分别见式（10.7）和式（10.8）。

$$C_v\frac{\partial T}{\partial t}-\rho_f c_f k\operatorname{grad}\psi\operatorname{grad}T=\operatorname{div}(\lambda\operatorname{grad}T) \tag{10.7}$$

$$C_v\frac{\partial T}{\partial t}-\rho_f c_f k\operatorname{grad}\psi\operatorname{grad}T=\operatorname{div}(\lambda\operatorname{grad}T)-L_v\operatorname{div}(D_{\theta\text{vap}}\operatorname{grad}\theta) \tag{10.8}$$

如果桩周土没有地下水流，则能量桩的热传递就仅与热传导有关，而气态迁移传导仅发生在部分饱和土或非饱和土中 [SUR 12]。饱和土中和非饱和土中的公式分别见（10.9）和式（10.10）。

$$C_v \frac{\partial T}{\partial t} = \text{div}(\lambda \,\text{grad}T) \tag{10.9}$$

$$C_v \frac{\partial T}{\partial t} = \text{div}(\lambda \,\text{grad}T) - L_v \,\text{div}(D_{\theta \text{vap}} \,\text{grad}\theta) \tag{10.10}$$

10.3　能量桩热扩散数值模型

本节利用有限元法和有限差分法，针对能量桩季节性运作时的瞬时变化，来研究能量桩向桩周土体的热扩散。

本节研究了两种工况：

（1）能量桩内部热扩散的 2D 模型（从换热管到桩身混凝土）；

（2）能量桩及其桩周土热扩散的 3D 模型。

能量桩桩径 60cm、桩长 15m，位于土体的中心。为保证土体边界的绝热性，根据影响参数分析结果，选取水平向径长 15m、竖直向高度 30m 的土体尺寸。土体为完全饱和状态砂土且没有地下水流，所以仅考虑热传导。为了获得精确的应力-应变结果，对桩-土接触面处的网格进行了细化。年平均温度 T_{ave} 为 14℃。桩内有 4 个 U 形管，距离混凝土桩外表面 10cm。交换管的位置分布形式为反对称式，即 I-O-I-O（I 表示进水口，O 表示出水口）。能量桩桩体内换热管横截面布置示意图如图 10.1 所示，相应的热参数见表 10.1。

<table>
<tr><td colspan="5" align="center">材料的热参数　　　　　　　　　　　　　　表 10.1</td></tr>
<tr><td></td><td></td><td>换热管</td><td>混凝土桩</td><td>桩周土</td></tr>
<tr><td>密度</td><td>ρ</td><td>960kg/m³</td><td>2500kg/m³</td><td>1950kg/m³</td></tr>
<tr><td>热传导系数</td><td>λ</td><td>0.42W/m·℃</td><td>1.8W/m·℃</td><td>1.5W/m·℃</td></tr>
<tr><td>比热</td><td>c</td><td>2000J/kg·℃</td><td>880J/kg·℃</td><td>800J/kg·℃</td></tr>
<tr><td>热膨胀系数</td><td>α</td><td>1.4×10^{-4}/℃</td><td>1.2×10^{-5}/℃</td><td>5×10^{-6}/℃</td></tr>
</table>

当热泵启动后，传热液体在进水管和出水管中温度变化时间很短（约几个小时），且时间长短与热泵的功率有关。从 2011 年 2 月到 2012 年 1 月，ECOME 针对一根微型能量桩进行了相关测试；结果显示，如果入水口与出水口之间的温度差 ΔT 在一个加载阶段基本保持恒定，说明热泵的工作状态良好（图 10.2）。

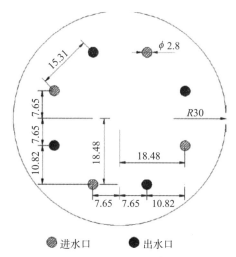

图 10.1 能量桩桩体内换热管布置横截面

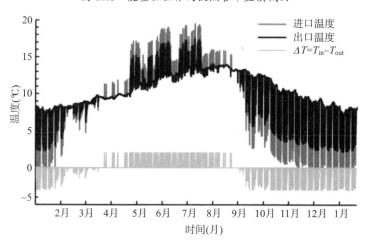

图 10.2 微型能量桩的温度观测报告

10.3.1 能量桩内部热扩散二维模型

本节数值模型是以能量桩某一深度 z 处的截面作为研究对象，在柱面坐标下进行研究。换热管被定义为圆形混凝土桩中的圆形线热源，位于土体中心。基于该假设可将热传递简化为径向传递，能量守恒方程见式（10.11）

$$C_v \frac{dT}{dt} = \lambda \left(\frac{d^2 T}{dr^2} + \frac{1}{r} \frac{dT}{dr} \right) \tag{10.11}$$

首先，分析由冬季开始，入水温度为 $T_{inlet}=4℃$；考虑到热泵的工作性能，ΔT 设定为 $-3℃$，因此出水温度 T_{out} 设定为 $7℃$。由于受到尺寸的限制，初始地面温度等于年平均地面温度且不随时间和深度变化 $T_{ini}(z，t)=T_{ave}$。图 10.3 展示了 3 个月后能量桩的径向温度变化。经过 3 个月的加载后，能量桩内的温度相对一致；桩中心及桩周的温度与换热管的温度近似一致。

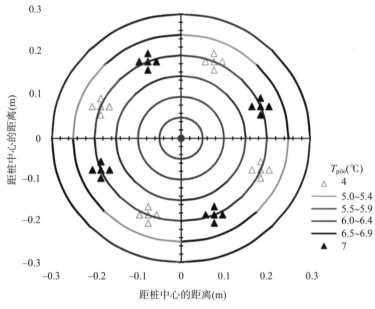

图 10.3　加载三个月后的温度扩散等高线

10.3.1.1　传热管布置的影响

为了研究换热管对热扩散的影响，本节研究了三种不同类型的换热管布置：类型 A 为基本模型，即前文提及的模型；类型 B 为四个 U 形管，但是其进出口设置为 I-O-O-I 的对称布置；类型 C 为两个 W 形布置，其布置为 I-O-I-O。

保持各个类型换热管内的流速一致；研究结果表明，非对称布置的桩体温度要比对称布置的桩体更均匀（图 10.4a）；包含两个 W 形换热管的 C 类型产生的温度最高（图 10.4b），由此可见 W 形埋管形式比 U 形相对更好。

10.3.1.2　输入温度的影响

热扩散一般是在季节性热荷载（3 个月）运行中完成的。在每一个季节运行期间，进 / 出水口的温差 ΔT 是固定的，以此保持热泵的功率不变。如图 10.5 所示，

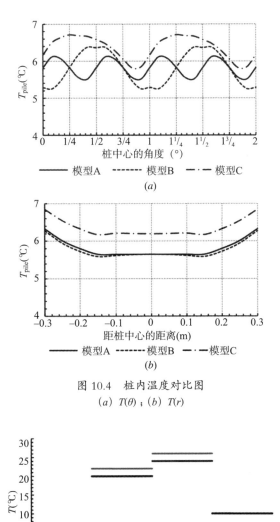

图 10.4　桩内温度对比图

(a) $T(\theta)$；(b) $T(r)$

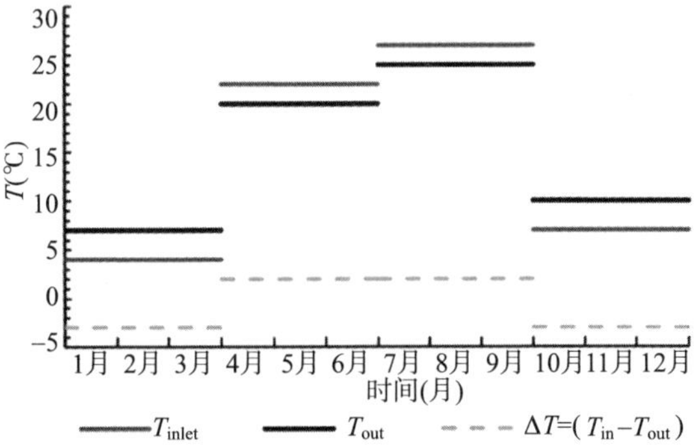

图 10.5　一年的设计热荷载

制冷温差 ΔT 设定在 $-3℃$，而制热温差则为 $+2℃$。在每一个运行期间，能量桩的温度都是从初始的地层温度渐渐向换热管的平均温度靠近。

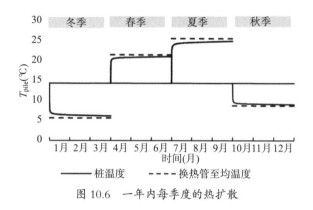

图 10.6   一年内每季度的热扩散

10.3.2   桩周土体热扩散三维模型

3D 数值模拟的优势，是可以模拟在不同荷载组合下的复杂物理模型。本节模型中考虑地层温度随深度和时间的变化，采用了前文所提出的 $T(z, t)$ 公式（式 10.4）。分析时通过有限差分软件 FLAC^{3D} 来建立热力耦合方程来实现的；考虑荷载和桩体几何形状对称性，仅对 1/4 模型进行分析研究。对称轴上热通量为零。

首先，地层施加正弦式的初始地表温度，其平均值 T_{ave} 为 14℃。30m 处土体内部的体积地热量为 0.001W/m^3、表面热通量为 0.0544W/m^2。图 10.7(a) 和 10.8(a) 显示了初始状态下，地层温度随深度及时间变化的分布情况；距离地表面 6m 左右深度范围内的土体温度是四季变化的，而深度 10m 以下土体温度就接近地层平均温度了。

其后，在土层中运行能量桩。循环液体的温度在每一个季度基本都是稳定的，且沿着对称轴分布。能量桩温度的季节性变化值取自 2D 模型的结果，即换热管的平均温度。随后，该系统施加了正弦表层温度和能量桩季节性运行的温度荷载。运行能量桩之后的地层温度分布的结果如图 10.7 (b) 和图 10.8 (b) 所示。由图 10.7 和图 10.8 可知，原本均匀的地层温度分布受能量桩的季节性温度变化影响而发生扰动；地层深度 10m 以下土体温度不再接近年平均温度 T_{ave}；距离桩中心一个桩径范围内（径向）和整个桩身长度（竖向）范围内的地层温度全部都受到了不同程度的影响。

10.4　长期热交换的影响

10.4.1　地下水流对热扩散的影响

当存在地下水流时，能量桩系统就需要解决热－力－流三相耦合的问题。地下水流流速 v（流）、孔隙水压力 p（力）以及桩－土之间的温度梯度 ΔT（热）之间的能量守恒方程见式（10.12）。

$$\beta_x \frac{\partial p}{\partial t} - \alpha_x \frac{\partial T}{\partial t} + \mathrm{div}\,\vec{v} = 0 \tag{10.12}$$

式中，x 为受矿物组成影响的孔隙率；β 为压缩系数；α 为热膨胀系数。

地下水流的存在使得土体的热参数，比没有地下水流情况下的土体热参数（包括热传导系数和比热容）提高了近15%[SAN 01]。事实上，当地下水流流量大于

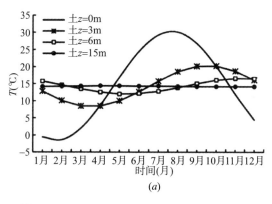

(a)

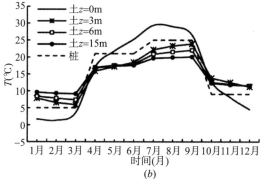

(b)

图 10.7　不同深度的温度 $T(t)$
（a）初始条件；（b）能量桩使用后

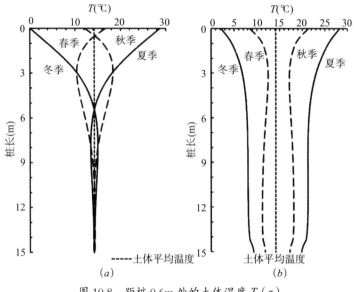

图 10.8 距桩 0.6m 处的土体温度 $T(z)$
(a) 初始条件；(b) 能量桩使用后

35m/year 时，可以认为热能是可再生 [RIE 07，FRO 99]；这种情况下冬季热能的输出量不再依靠夏季的热能吸收量，使得地层温度的平衡得到了保障，且桩周土不再受到热力体积膨胀的影响。该例中将利用这一特点使得土体的热能维持平衡，从而来使热泵的消耗达到最小化。与此同时，热能将会向桩周聚集，并在长期作用下对桩的力学特性产生影响 [FRO 99]。

由于颗粒孔隙较小，黏性土的渗透性通常较低，地下水流在黏性土中的流速要相对慢一些。因此通过水流进行的热交换相较于土颗粒之间的热传导而言，是可以忽略不计的；但是，土颗粒在温度的作用下会产生体积膨胀，从而使得孔压增加 [见式（10.12）]。根据土体的力学平衡方程，孔压的变化将会引起有效应力的变化 [见式（10.13）]

$$\mathrm{div}\sigma - \mathrm{grad}p + \rho g = 0 \qquad (10.13)$$

对于能量桩系统而言，桩和土都产生了热变形，两者之间的相对位移反而较小，这种情形对桩基承载力是有利的。因此，温度引起的桩－土接触面的应力变化就可以忽略不计。然而，温度变化将会改变土体的性质，同时引起周期性的沉降和膨胀，从而导致土体的摩擦力减小 [CEK 04]。

高渗透性砂土中，通过地下水流引起的热对流，将能量桩增加的热量迅速扩散掉，近乎不会造成桩周土体的温度升高。这种情况下，砂土的热梯度就很小。土体将不会因受热而产生体积膨胀变形，仅有混凝土桩会受热变形；这种情况对能量桩系统是不利的；温度变化会使桩体产生额外的附加应力 [见式（10.14）]，符号规定与土力学一致，压缩力的（由法向应力 σ_{pile} 产生）方向为正，即桩－土接触面的动摩擦力与额外的热位移方向一致 [见式（10.15）] [BOU 09，LAL 06]。

$$\sigma_{pile}=E(\varepsilon+\varepsilon^{th})=E(\varepsilon-\alpha\Delta T) \tag{10.14}$$

$$EA\frac{\mathrm{d}^2w}{\mathrm{d}z^2}-\pi Dq_s=0 \tag{10.15}$$

10.4.2 循环热荷载下的耐久性

第 10.3.2 节讨论的有限元模型，展示了可能对能量桩承载特性产生不利影响的情形；模拟的能量桩承受了由温度变化引起的所有附加应力。本节在纯热力荷载即无上部结构荷载作用下，研究温度对桩－土接触面特性的影响规律。

桩在不同深度处因热力引起的竖向位移、中心桩附近地表土层的位移分别如图 10.9（a）和图 10.9（b）所示（符号规定与土力学一致，规定沉降定义为正，上升定义为负）。图 10.10 展示了由于地层温度随时间和深度的变化，而引起的桩体的不均匀变形；经过一年温度荷载作用，桩体力学特性发生了周期性的变化。这种循环引起的变化需要在能量桩系统设计中予以考虑。此外，经过长期的冷热循环，桩－土接触面的摩擦力也会减少，从而导致桩基整体承载力下降。

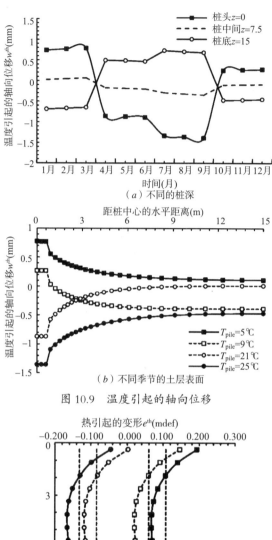

（a）不同的桩深

（b）不同季节的土层表面

图 10.9　温度引起的轴向位移

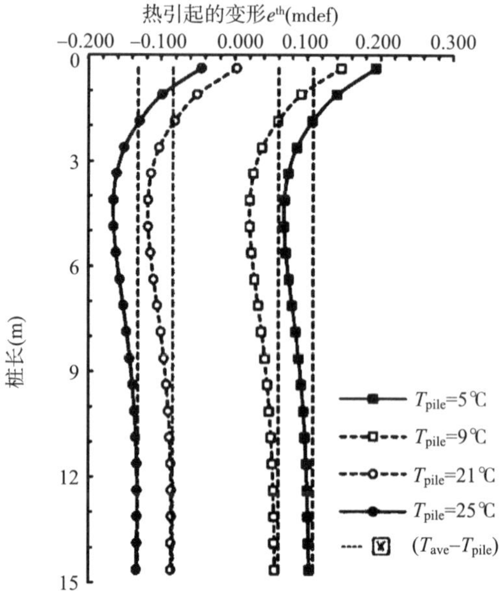

图 10.10　能量桩的热引起的变形

10.5　本章小结

本章对能量桩温度引起的瞬时变化进行了数值分析。在简要阐述了能量桩系统和土层的耦合热传递过程后，重点分析换热管、混凝土桩体材料以及桩周土体的热传导。2D数值模型研究发现，桩身及桩－土接触面的温度主要受换热管温度的影响；能量桩在整个截面上的温度基本是均匀分布的，且接近换热管的平均温度。针对不同的管道布置形式的分析结果表明，W形埋管形式产生的热能要比U形埋管形式产生的热能要大，且不对称布置产生的热扩散要比对称布置产生的热扩散相对更均匀。

3D数值模型中考虑了地层温度随时间和深度的变化规律，运行能量桩后，地层温度分布规律随时间和深度变化较大，地层中的温度稳定区域向更深处移动。不同土体类型（粗粒土或细粒土）的实测结果表明，地下水在能量桩系统热扩散中起到重要作用，不仅影响着地层温度的平衡，也影响着桩－土接触面的应力平衡。因此，分析的方法需要针对热－流－固三相耦合来实现。同时，桩基设计过程中，需要考虑冷热循环对桩基承载特性变化以及土层响应的影响。

致谢

本章研究成果是法国GECKO公司"地源热泵混合太阳能板耦合优化能源存储"项目的一部分，受法国国家研究机构（ANR）项目资助；该机构成员包括ECOME，BRGM，IFSTTAR，CETE Nord Picardie，LGCgE–Universite Lille 1，EMTA–INPL和EPFL等，主要负责咨询公司或研究机构之间的国际合作。本章作者对上述机构及其相关研究人员给予的合作和支持表示衷心的感谢。

参考文献

[ADA 09] ADAM D., MARKIEWICZ R., "Energy from earth-coupled structures, foundations, tunnels and sewers", *Géotechnique*, vol. 59, no. 3, pp. 229–236, 2009.

[BOU 09] BOURNE-WEBB P.J., AMATYA B., SOGA K., *et al.*, "Energy pile test at Lambeth College, London: geotechnical and thermodynamic aspects of pile response to heat cycles", *Géotechnique*, vol. 59, no. 3, pp. 237–248, 2009.

[BRA 06] Brandl H., "Energy foundations and other thermo-active ground structures", *Géotechnique*, vol. 56, no. 2, pp. 81–122, 2006.

[BUR 85] Burger A., Recordon E., Bover D., *et al.*, *Thermique des nappes souterraines*, Presses Polytechnique Romandes, Lausanne, 1985.

[CEK 04] Cekevarac C., Laloui L., "Experimental study of thermal effects on the mechanical behavior of a clay", *International Journal for Numerical and Analytical Methods in Geomechanics*, vol. 28, no. 3, pp. 209–228, 2004.

[CHO 11] Choi J.C., Lee S.R., Lee D.S., "Numerical simulation of vertical ground heat exchangers: intermittent operation in unsaturated soil conditions", *Computers and Geotechnics*, vol. 38, pp. 949–958, 2011.

[FRO 99] Fromentin A., Pahud D., Laloui L., *et al.*, "Pieux échangeurs: Conception et règles de pré-dimensionnement", *Revue française de génie civil*, vol. 3, no. 6, pp. 387–421, 1999.

[HIL 04] Hillel D., *Introduction to Environmental Soil Physics*, Elsevier Academic Press, Amsterdam, 2004.

[KAV 10] Kavanaugh S., Ground source heat pump system designer – an instruction guide for using a design tool for vertical ground-coupled, groundwater and surface water heat pumps systems, Energy Information Services, report, Northport, AL, 2010.

[LAL 99] Laloui L., Moreni M., Fromentin A., *et al.*, "Heat exchanger pile: effect of the thermal solicitations on its mechanical properties", *Bulletin d'Hydrogéologie*, vol. 17, pp. 331–340, 1999.

[LAL 06] Laloui L., Nuth M., Vulliet L., "Experimental and numerical investigations of the behaviour of a heat exchanger pile", *International Journal for Numerical and Analytical Methods in Geomechanics*, vol. 30, no. 8, pp. 763–781, 2006.

[PHI 57] Philip J.R., De Vries D.A., "Moisture movement in porous materials under temperature gradients", *Transactions – American Geophysical Union*, vol. 38, pp. 222–232, 1957.

[RIE 07] Riederer P., Evars G., Gourmez D., *et al.*, Conception de fondations géothermiques, Centre Scientifique et Technique du Batiment, final report ESE/ENR no 07.044RS, Sophia-Antipolis, 2007.

[ROU 12] Rouissi K., Krarti M., McCartney J.S., "Analysis of thermoactive foundations with U-tube heat exchangers", *Journal of Solar Energy Engineering*, vol. 134, no. 2, pp. 021008-1–021008-8, 2012.

[SAN 01] Saner B., "Shallow geothermal energy", *GHC Bulletin*, vol. 22, pp. 19–25, 2001.

[SUR 12] Suryatriyastuti M.E., Mroueh H., Burlon S., "Understanding the temperature-induced mechanical behavior of energy pile foundations", *Renewable and Sustainable Energy Reviews*, vol. 16, pp. 3344–3354, 2012.

第11章
基于能量桩的桥面除冰系统

C. Guney OLGUN & G. Allen BOWERS

11.1 引言

桥梁作为高速公路基础设施的一部分，是国家经济及安全的重要设施之一。桥梁设施的老化、恶化等情况是经济及工程中需要重点关注的问题；比如，美国6万座桥梁中大约60%是用传统钢筋混凝土及预应力构件建成的[FED 08]，其中1/4的桥梁（包括它们的底板）划分为结构缺陷及功能过时的类型。

冬季桥面积冰是一个潜在的问题，将会对车辆的行驶造成危险。目前用于桥面除冰的方法往往需要消耗大量能源，不仅对桥梁本身会有一定腐蚀性，且会对环境造成威胁。将盐或其他化学物质用于桥面除冰，会加速桥梁结构的腐蚀并威胁到结构的整体稳定性，其中的氯化物会对桥梁设施造成累积性腐蚀[CAD 83, BAB 91]，而且越来越多的维护修理工艺不仅增加费用而且会对桥梁的长期工作造成恶性循环。

大量的文献研究阐述了[VIR 83, POU 04, WAN 06, GRA 09]除冰盐中的氯离子侵蚀会造成桥梁设施的腐蚀问题。钢筋混凝土桥面中，钢筋的腐蚀会威胁到桥面结构的完整性。化学物质影响下钢筋的氧化会造成钢筋横截面积变小从而使钢筋应力增大，部分立交桥及桥梁的崩塌就是由于桥面及桥梁的钢筋腐蚀造成的[NAI 10]。据估算，在美国每年直接用于处治桥梁腐蚀上的费用约为60~100亿美元[KOC 02]；如果将间接用于桥面防腐的费用也估算在内的话，总共的实际花费将是直接费用的10倍左右[YUN 03]。

除化学物质以外，也经常使用其他方法来进行桥面除冰，比如电力、锅炉供电及地源热加热桥面等。电力系统在桥面除冰应用时，先在桥面中铺设绝缘电缆，当需要除冰时就开启系统，将电流传到桥面上的电线中进行电阻产热[HAV 78]。电力系统在桥面除冰应用中还可以采用导电混凝土（ECC）材料，通过在混凝土中添加导电钢纤维、碳成分等实现；当提供电流时，电阻在整个混凝土板中产热 [YEH 00，TUA 04，TUA 08]。碳纤维加热丝（CFHW）原理也是利用电阻产热；[ZHA 10] 基于缩尺模型试验验证了利用 CFHW 在混凝土板上融雪、除冰的有效性；但是该技术还未用于现场试验中。锅炉供电系统加热液体，并通过机械力（水力系统）或是热对流使液体在桥面内的导热管内循环，针对该系统应用开展了多个试验研究 [MIN 99]；[HOP 01] 还介绍了一个足尺桥梁中安装有传热管系统的现场案例研究。

地热能也可以用于桥面除冰，并可以有效降低盐及其他化学物质的使用率。在这个理念中，土体的恒定温度及储热能力使之可作为一种可再生能源用于冬季桥面除冰。这项技术可以消除或有效减少桥面除冰中对化学物质的潜在需求；也可以用于混凝土养护期间桥面降温及减少混凝土的早期开裂等方面。类似地，该技术也可以用于调节桥面温度，降低夏季白昼期间的冷热循环严重度。为了准确评估能量桩系统在控制桥面温度方面的可行性，必须做出以下几个方面的考虑：能量传递机理，桥面的力学特性，桩 - 土界面的热力交换以及系统的耦合反应。

本章总结了桥面加热过程中的热响应及数值模拟结果，以加深对桥面除冰工作原理的认识；并开展了一系列设计参数影响因素分析（如管道布置、混凝土厚度、液体流速等）以及环境因素影响分析（如入口液体温度、环境温度、风速等）；这些结果将为确定地源热桥面除冰系统的工作环境及能量需求提供理论依据。

11.2　地源热泵加热桥面

土体可以作为冬季地源热泵桥面除冰系统中的热源。通过安装有循环管的能量桩、地热钻孔及浅沟等可以利用土体中的热能。循环液体吸收土体中的热能，并在桥面管道系统中以热流形式循环来防止桥面结冰 [KUM 88]。[KAY 80] 介绍了一个特殊应用：从地下水井中吸取热水之后喷洒到路面用于化雪及除冰。

基于地源热泵技术桥面除冰的示意图如图 11.1 所示，这里通过能量桩及桥头路堤来获得土中存储的热能，当导热液体在热交换构件的管道系统中进行循环时就从土体中吸收了热量。液体循环可以利用热泵或者地热循环泵进行，将温度相对较高的导热液体传到桥面 [LIU 07]。但是，热泵工作是耗能的，需要提供额外电能；因此，这类系统应用局限在于大尺寸或很大热需求量上。相反地，地热循环泵则只需要相对较少的电能输出，该电能可以通过太阳能电池系统等提供；循

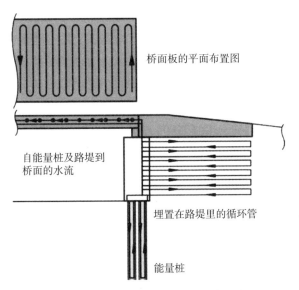

图 11.1 地源热泵桥面除冰技术概念示意图

环液体从土体中吸热并获得与土体相近的温度；与热泵系统相比，该系统可以在温度相对较低情况下工作。因此，利用地热循环泵的桥面除冰系统可以认为是被动的加热系统，其中土体温度为液体温度的基准。这类应用也有其局限性，即热能向桥面板扩散率没有热泵系统高。

在夏季白天，桥面板上的温度能达到50℃以上，而在夜间由于热量散失及气温冷却，桥面温度会大幅度下降[IMB 85]。桥面板的约束会使由于热膨胀/收缩产生的循环应变或应力发展，并使桥面板产生疲劳，最终导致寿命缩短、维护费用增加。地热的管道系统也能用于降低夏季白天的桥面温度。事实上，桥面也可以作为储热系统将夏季储存的热量注入土体中。该系统工作不仅可以降低桥面温度及循环应力，而且可以提高土体温度，土体温度的提高又可以为冬季桥面除冰提供更加有效的热源。

11.3 地源热泵桥面除冰系统的热传递过程及能量需求计算

基于地源热泵的桥面除冰系统中的热传递过程示意图如图11.2所示。桥面的加热机理不仅包括桥面的多个热传递机理，而且还包括桥面与空气之间的热交换

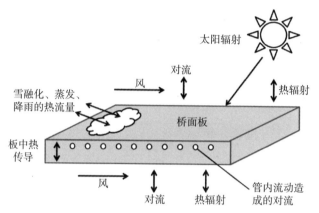

图 11.2 地源热泵桥面除冰系统热交换过程 [SPI 00]

机理。桥面除冰系统中的热传递形式包括：传导、对流、辐射及潜在的水分状态改变引起的热交换等 [BER 11]。

热传导是桥面除冰系统热传递中的主要形式；热传导存在于传热管内、整个混凝土桥面及水蒸气与桥面之间。对流是桥面板里当循环液体携带热能并通过循环管将其传到桥面时产生的热传递。当气体与桥面之间存在空气流动时，桥面与外界环境之间也可能产生对流。辐射也是桥面与环境之间的一种重要的能量传递方式。桥面吸收太阳及空气中短波辐射并将长波辐射折射到空中。桥面对于辐射的吸收及反射量受温度、云层、桥面的类型、一天及一年时长等因素影响。除了这些热传递过程，冰雪的融化及蒸发也会对桥面的热传递产生显著影响。

通过对以上过程的计算，可以有效估算桥面除冰的能源需求。美国加热制冷及空调工程师学会（ASHRAE）应用手册第 51 章中指出了计算融雪工作所需热能的方法 [AME 11]。在该计算方法中，只需要输入环境条件（气温、云层覆盖量、降雪速度、风速、相对湿度等）、桥面板的几何尺寸、混凝土板面的折射率及所需的无雪区占整个雪区的比例，就可以计算出桥面除冰的能源需求量。

该方法考虑了多个部分热通量，以确定桥面除冰所需要的总热通量。显热通量是指将冰雪温度提高到融化温度所需的热功率值，潜热通量是指融雪所需的热通量。对流、辐射及蒸发热通量分别是用来计算由于风、辐射及蒸发所失去的能源。例如，利用 ASHRAE 中的方法，计算一个双车道桥梁在美国维吉利亚黑堡气候下的热能需求；在给定风速、气温及 1cm/h 降雪速度条件下，单位面积的热功率如图 11.3 所示。

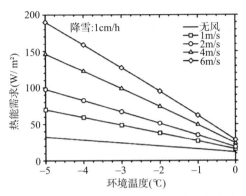

图 11.3　单位面积的热功率与环境温度关系

11.4　数值模拟及结果分析

基于 COMSOL 有限元数值软件，对桥面加热过程进行一系列 3D 数值模拟。数值模型中，桥面板的模型如图 11.4 所示；面板的尺寸为 6.6m×4.5m×0.25m，换热管选用外径为 1.9cm、内径为 1.3cm 的 PEX 管。在换热管中循环液体流速不变的情况下，可以计算出板中的温度变化。循环液体为水与 25% 浓度丙醇的混合物。现场试验中循环液体的温度和土体温度基本相同，因此使用循环泵而不是热泵；数值模拟中入口水温与现场土体温度一致且保持不变，因为即使是较冷的水被土体加热后，入口温度的变化也是非常小的。

数值模拟分析中，考虑了管道的分布、入口水温、流速、风速、环境温度及循环管外的混凝土厚度等因素的影响，探讨不同因素对桥面加热过程的影响规律。

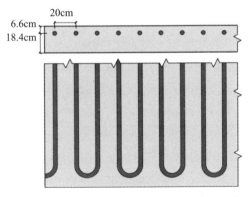

图 11.4　数值模型中的桥面板及循环管的分布

数值模型中，环境温度保持不变，未考虑钢筋的设置影响，因为与混凝土相比，钢筋的体积、热容都较小，而热传导率较大；而且钢筋的尺寸相对于桥面板而言非常小，若在分析中考虑钢筋因素的话，数值模型网格需要非常细，会使运算时间显著增加。通过针对有或者没有考虑钢筋因素的模型分析结果表明，钢筋的影响可以忽略不计。

　　本章针对桥面加热过程的数值模型，局限在环境温度保持不变且没有考虑雪融化的影响。这些假设的主要目的是简化计算，并得到一个能让桥面温度达到融冰温度以上所需的热量基本值。这种情况可以认为是在雪前将桥面加热使桥面温度保持在结冰温度之上的工况情形；如果桥面热吸收正好可以弥补在下雪时候融雪所需热量，在下雪时候桥面会保持没有雪的状态。

　　数值模型中所用的材料属性见表11.1；本章数值模拟共分析了256种工况，其中不同的模型参数见表11.2。桥面板中热循环管圆心之间的距离设置为20cm，且管的中轴线在桥面以下6.6cm，符合 [ACI 11] 建议的传热管上混凝土覆盖厚度大于5.7cm的要求。循环液体入口温度为12℃，循环速度为11.4L/min。初始板

数值模拟中的材料属性汇总　　　　　　　　　　　　表 11.1

性质	材料	数值
密度（kg/m³）	混凝土	2408
	传热液体	1041
	空气	1.23
比热容（J/kg·K）	混凝土	880
	传热液体	3691
	空气	1006
导热系数（W/m·K）	混凝土	1.44
	传热液体	0.48
	管	0.41
	空气	0.0239
运动黏度（m²/s）	空气	1.315×10^{-5}
地表比辐射率	混凝土	0.91
动力黏度（m²/s）	传热液体	0.00273
普朗特数	空气	0.72

数值模拟中的模型参数 表 11.2

管间距 （cm）	风速 （m/s）	混凝土覆盖 厚度（cm）	入口液体温度 （℃）	环境温度 （℃）	流速 （L/min）	循环 次数
20	0	5.7	12	−2.0	11.4	基准
15、20、 25、30	0	3.7、5.7、 7.7、9.7	6、8、10、12、 14、16、18、20	−2.0	11.4	127
15、20、 25、30	1、2、4	5.7	6、8、10、12、 14、16、18、20	−2.0	11.4	96
15、20、 25	6	5.7	6、8、10、12、 14、16、18、20	−2.0	11.4	24
20	0	5.7	12	−0.5，−1.0，−1.5， −2.0，−2.5	11.4	4
20	0	5.7	12	−2.0	6，8，15，20	4

温度为 −2℃，基准工况设置为无风的状态。不同加热时间下，沿两根管中点处纵断面上的温度曲线分布规律如图 11.5 所示；中心线截面代表了在水平方向离每根管距离最远的点。由图 11.5 可知，在桥面板内，与导热管相同高度处的温度上升最快，且与桥板底部相比板面温度上升更快，由分析可知，当 12℃的循环液体在加热 1.5 小时后，板顶部 8.5cm 深度处温度达到 0℃。

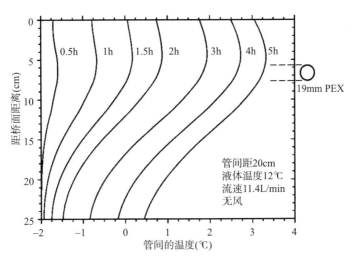

图 11.5 在管道中间沿竖向的温度分布规律

入口温度为 12℃、流速为 11.4L/min 的基准工况下，管道上方、两管中点上方以及桥面板平均温度变化情况如图 11.6（a）所示。由图 11.6（a）可得，当桥面板温度从 −2℃ 开始增长时，管道上方位置的温度要比两管道中间位置上升更快，分别需要 0.71h 及 1.47h 以达到 0℃。不同风速工况条件下，桥面加热对桥面平均温度影响的发展规律如图 11.6（b）所示。在气温恒定情况下，风的对流降温作用会将热量从桥面移走，故对加热过程造成不利影响。在风速为 0、1、2、4 及 6m/s 情况下，桥面平均温度分别需要 1.12、1.26、1.39、1.68 和 2.06h 才能达到 0℃。相应地，在相同风速情况下，桥面平均温度分别需要 1.81、2.22、2.67、4.08 和 8.18h 才能达到 1℃。整体而言，风速越高桥面加热需要的时间越长，同时也说明风速在桥面除冰过程的重要性，这可能影响对于特定效率水平下所需的地源热量。

向桥面板的热能注入量，可以通过在特定流速下，入口液体温度及桥面板另一端的出口液体温度之间的差值计算得到。在水流速度为 11.4L/min 时，对桥面板单位面积注热量的各项影响因素进行了分析。图 11.7 为不同水流温度下桥面单位面积注热量情况。由图 11.7 可知，注热率在前一小时增长迅速，然后达到相对稳定值。入口流体温度分别为 8、12、16 及 20℃ 时，桥面板单位面积的注热量迅速增长至 20、28、35 和 43W/m²。在 9h 的工作后，注热量增长值约为 15%~20%。同样地，这些分析是建立在没有融雪的过程且假定气温保持恒定的情况。注热量可以与之前的热需求估计值进行对比。比如，气温为 −2℃ 且无风情况下，计算的热需求量为 20W/m²，如图 11.3 所示；将图 11.7 与计算的热需求量相比较可知，8℃的入口温度能有效提供足够功率来保持在 1cm/h 的降雪速度下桥面的无冰状态。

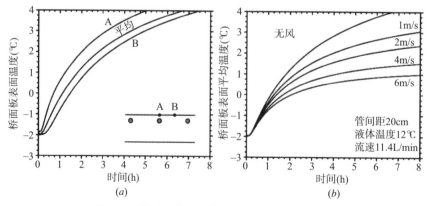

图 11.6　桥面板表面温度随热循环温度升高情况

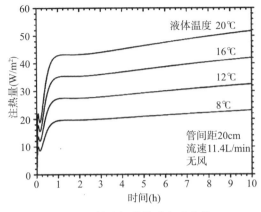

图 11.7 桥面板单位面积注热量

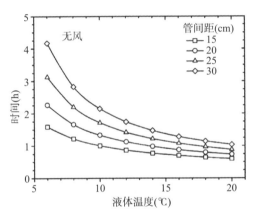

图 11.8 不同管排布间距情况下将桥面板表面温度升到 0℃所要的时间

换热管布置形式是相关设计的主要考虑因素之一，本章数值模拟也分析了换热管布置的影响规律。换热管上混凝土的覆盖厚度为 5.7cm，气温为 -2℃的条件下，不同的管道布置工况下，将桥面温度加热到 0℃所需的时间如图 11.8所示。对于不同的入口温度，管道排布间距为 15cm 时桥面平均温度达到 0℃所需时间要比间距为 20cm 时下降 19%~30%。类似地，管道间距为 25cm 和30cm 相比于 20cm 时加热时间会分别提高 20%~38% 及 41%~85%。很明显，在所模拟的入口温度范围内，可以通过优化换热管的排布方式来降低桥面加热所需要的时间。

风速对桥面除冰系统效率的影响分析结果如图 11.9 所示；该图为在不同的风速下桥面平均温度达到 0℃所需的加热时间。可以看出，在较低的入口温度下，风对桥面加热有重要影响。

由于实际工程情况不同，循环换热管上的混凝土保护层厚度也会不同。因此，有必要针对不同混凝土保护层厚度，与基准值 5.7cm 的保护层厚度进行对比分析。在不同混凝土保护层厚度情况下，桥面平均温度达到 0℃所需加热时间如图 11.10 所示。由图 11.10 可知，混凝土保护层厚度每增加 1cm，桥面的加热时间需增加 10~20min；且在给定的范围内，管道分布间距越小混凝土保护层厚度对加热时间的影响就越小。

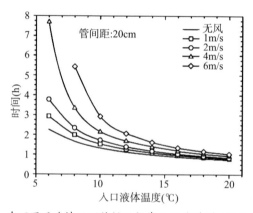

图 11.9　在不同风速情况下将桥面板表面温度升到 0℃所要的时间

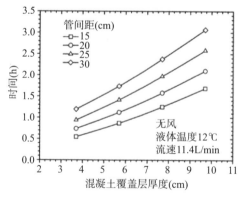

图 11.10　在不同混凝土保护层工况下将桥面板表面温度升到 0℃所要的时间

本章并没有给出针对液体流速对桥面加热的影响结果。6、8、15 及 20L/min 流速情况与 11.4L/min 基准工况下的数值模拟结果表明，水流速对桥面加热的影响相对较小，且较慢的流速会导致桥面加热时间增加。与 11.4L/min 的基准流速相比，6L/min 流速会导致加热时间增长 13%，20L/min 则会导致加热时间降低 6%。针对气温对桥面加热的影响的数值模拟结果表明，气温每下降 1℃，会导致加热桥面平均温度达到 0℃所需时间增加 40%~50%。

11.5 本章小结

地源热泵桥面除冰系统可以作为盐或化学物质桥面除冰的替代方法。该方法中，地热作为热源，能量桩、地热钻孔、浅沟或桥头路堤都充当热存储介质及热交换通道。与盐或化学物质桥面除冰可能存在负面作用相比，该方法是一种花费少且可持续发展的技术方法。水可以从土体里吸收热量并在桥面板里的管道中循环，其中水循环可以通过热泵或者地热循环泵实现。与地热循环泵相比，热泵需要一个额外电源，但可以提供更高的入口水温且产生更加有效的桥面加热，地热循环泵则更加依赖现场土体温度。根据不同类型的桥面除冰应用项目，分别选择热泵或地热循环泵；例如，热泵更加适合需热量大的大尺寸项目，循环泵适合小规模应用。

本章主要强调了地源热泵桥面除冰的工作原理，以及该工作原理与设计参数的相关性；并进行了一系列影响参数分析。包括管道间距、入口液体温度、流速、风速、气温及循环管上混凝土保护层厚度等。本章研究结果可以作为衡量地源热桥面除冰效果的工作环境及能量需求的基准。

致谢

本章研究成果受美国国家自然科学基金项目资助（编：CMMI-0928807），本章第二作者受美国国家自然科学基金研究生奖学金资助；本章作者对此表示衷心的感谢；本章相关观点、研究结论和建议均仅代表作者个人观点，不反映美国国家自然科学基金委的观点。

参考文献

[ACI 11] ACI COMMITTEE 318., *Building Code Requirements for Structural Concrete (ACI 318-11) and Commentary*, American Concrete Institute, Farmington Hills, MI, 2011.

[AME 11] AMERICAN SOCIETY OF HEATING REFRIGERATING AND AIR-CONDITIONING ENGINEERS (ASHRAE)., *2011 ASHRAE Handbook – Heating, Ventilating, and Air-Conditioning Applications (SI ed.)*, American Society of Heating, Refrigerating and Air-Conditioning Engineers, Inc., 2011.

[BAB 91] BABOIAN R., "Synergistic effects of acid deposition and road salts on corrosion", *Symposium on Corrosion Forms and Control for Infrastructure*, San Diego, pp. 17–29, 3–4 November 1991.

[BER 11] BERGMAN T.L., INCROPERA F.P., DEWITT D.P., *et al.*, *Introduction to Heat Transfer*, 6th ed., Wiley, Hoboken, 2011.

[CAD 83] CADY P.D., WEYERS R.E., "Chloride penetration and the deterioration of concrete bridge decks", *Cement, Concrete & Aggregate*, vol. 5, no. 2, pp. 81–87, 1983.

[FED 08] FEDERAL HIGHWAY ADMINISTRATION (FHWA)., Status of the nation's highways, bridges, and transit: conditions & performance, Report to Congress, U.S. Department of Transportation Federal Highway Administration, Federal Transit Administration, Washington D.C., 2008.

[GRA 09] GRANATA R., HARTT W., *Integrity of Infrastructure Materials and Structures*, FHWA-HRT-09-044, Federal Highway Administration, Washington, D.C., 2009.

[HAV 78] HAVENS J., AZEVEDO W., RAHAL A., *et al.*, "Heating bridge decks by electrical resistance", *Proceedings of the 2nd International Symposium on Snow Removal and Ice Control Research*, Special Report 185, Hanover, pp. 159–168, 15–19 May 1978.

[HOP 01] HOPPE E.J., Evaluation of Virginia's first heated bridge, Transportation Research Record, No. 1741, pp. 199–206, 2001.

[IMB 85] IMBSEN R.A., Thermal effects in concrete bridge superstructures, NCHRP Report No. 276, TRB, National Research Council, 1985.

[KAY 80] KAYANE I., "Groundwater use for snow melting on roads", *GeoJournal,* vol. 4, no. 2, pp. 173–181, 1980.

[KOC 02] KOCH G., BRONGERS P., THOMPSON N., *et al.*, Corrosion costs and prevention strategies in the United States, Report No. FHWA-RD-01/156, Federal Highway Administration, Washington, D.C., 2002.

[KUM 88] KUMAGAI M., NOHARA I., Studies on a practical use of snow melting system by using the heat of ground water through pipes, Report No. 41, National Research Center for Disaster Prevention, Japan, pp. 285–309, 1988.

[LIU 07] LIU X., REES S.J., SPITLER J.D., "Modeling snow melting on heated pavement surfaces. Part II: experimental validation", *Applied Thermal Engineering*, vol. 27, no. 5–6, pp. 1125–1131, 2007.

[MIN 99] MINSK L.D., Heated bridge technology: report on ISTEA Sec. 6005 program, Publication FHWA-RD-99-158, FHWA, U.S. Department of Transportation, 1999.

[NAI 10] NAITO C., SAUSE R., HODGSON I., et al., "Forensic examination of a non-composite adjacent precast prestressed concrete box beam bridge", Journal of Bridge Engineering, vol. 15, no. 4, pp. 408–418, 2010.

[POU 04] POUPARD O., AIT-MOKHTAR A., DUMARGUE P., "Corrosion by chlorides in reinforced concrete: determination of chloride concentration threshold by impedance spectroscopy", Cement and Concrete Research, vol. 34, no. 6, pp. 991–1000, 2004.

[SPI 00] SPITLER J.D., RAMAMOORTHY M., "Bridge deck deicing using geothermal heat pumps", Proceedings of the 4th International Heat Pumps in Cold Climates Conference, Aylmer, Québec, see http://www.hvac.okstate.edu/research/Documents/HPCC_GLHEPRO.pdf, 17–18 August 2000.

[TUA 04] TUAN C.Y., YEHIA S.A., "Evaluation of electrically conductive concrete containing carbon products for deicing", ACI Materials Journal, vol. 101, no. 4, pp. 287–293, 2004.

[TUA 08] TUAN C.Y., "Implementation of conductive concrete for deicing (Roca Bridge)", Publication SPR-P1(04) P565, Nebreska Department of Roads, Materials, and Research, 2008.

[VIR 83] VIRMANI Y., CLEAR K., PASKO T., Time-to-corrosion of reinforcing steel in concrete: vol. 5 calcium nitrite admixture or epoxy-coated reinforcing bars as corrosion protection systems, Report No. FHWA-RD-83/012, Federal Highway Administration, Washington, D.C., 1983.

[WAN 06] WANG K., NELSEN D., NIXON W., "Damaging effects of deicing chemicals on concrete materials", Cement & Concrete Composites, vol. 28, pp. 173–188, 2006.

[YEH 00] YEHIA S.A., TUAN C.Y., "Thin conductive concrete overlay for bridge deck deicing and anti-icing", Transportation Research Record, no. 1698, pp. 45–53, 2000.

[YUN 03] YUNOVICH M., THOMPSON N., VIRMANI Y., "Life cycle cost analysis for reinforced concrete bridge decks", Paper No. 03309, CORROSION/03, San Diego, CA, 2003.

[ZHA 10] ZHAO H., WANG S., WU Z., et al., "Concrete slab installed with carbon fiber heating wire for bridge deck deicing", Journal of Transportation Engineering, vol. 136, no. 6, pp. 500–509, 2010.

第三部分
工程实例

第12章
能源地下结构应用

Peter BOURNE-WEBB

本章针对能源地下结构的影响因素进行了分析，重点讨论了与能源地下结构相关联的、在现场不能直接被明显发现的问题，以确保能源地下结构的规划、设计、建设和试运行等阶段都能顺利进行。基于来自不同国家的现场试验，以及不同类型的能源地下结构工程典型案例，制定了本章的设计指南。

12.1 引言

要完成并交付令人满意的能源地下结构系统，存在以下两个关键问题：(1) 要确保系统在安装过程中不会因为组件受损而导致热交换能力损失；(2) 与热交换系统相关的安装过程应尽可能地与施工过程无缝衔接，从而避免不必要的施工工期延误、造成额外的工程费用。

任何一项新的能源地下结构项目，项目各个环节及其参与者之间均存在着相互关联和影响；因此，建设过程中明确每一个环节及其参与者之间的相关关系，显得尤为重要。本章讨论考虑设计与施工过程之间的相互影响，配套措施、工作流程以及其他因素等对施工的影响。

本章中介绍的案例研究主要来自奥地利、德国和英国等这些在使用能源地下工程方面已经相对较成熟的国家。然而，即使是在这些国家，针对不同类型的建筑结构（如隧道衬砌）和不同地质条件下的能源采集经验的设计与运用仍在进一步完善中。此外，本章也提到了能量桩在芬兰和法国第一次应用时的案例情况。

12.2　规划和设计

12.2.1　合作与交流

在一个准备使用能源地下结构的项目中，从项目开始时就明确每一个参与者的责任是非常重要的；有必要通过合同确定每一位工作人员在预施工阶段、施工阶段、甚至在建设后管理期间，互相之间的责任和关系，并且各个阶段都由协调员进行管理。

每个角色的责任，虽然都是取决于项目的管理部门以及当时的合同安排，但是不管有几种可能，最终的选择肯定是尽可能的满足大多数人的利益和需求：

（1）结构构件和地源热泵系统，都是由建筑承包商中的专业设计人员完成。此时，协调员应该来自设计单位，但还需要与施工单位保持良好的关系，以确保所有项目的要求能够有效传达到专业施工技术人员手中。

（2）当地源热泵系统由专业承包商单位中既有设计经验、又有施工经验的专业工程人员设计时，协调角色可能会落到专业承包商身上，也可能是设计单位之外的第三方代表。

（3）绝大部分项目构件（地下结构和地源热泵系统等）的设计，是由隶属于总承包的专业分包商完成的。此时，作为主要总承包商的最大责任就是协调各个单位之间的关系，总承包商需要使项目的设计单位和隶属于他们的专业分包商之间，形成良好的工作关系以保证各方之间的信息交流通畅。由英国地源热泵协会 [GRO 12] 编写的设计指导手册中，推荐在项目的施工阶段和准备阶段使用这种方法；但是，更重要的是分包设计过程中要坚持在施工前建立能源系统的这一设计原则。

案例研究 CS12.1 描述了法国的第一个能量桩项目中如何运用这个过程进行设计与管理的；有趣的是，地热工程师需要对桩体所有的热效应（能源供应和桩土相互作用效应）进行评估，而桩基施工承包商正是基于由地热工程师所确定的桩体热效应来确定桩身尺寸。

12.2.2　设计管理

一般情况下，能源地下结构的不同构件由不同的专业技术人员（工程咨询顾问或者分包商）完成设计，不可能由一位专家完成所有构件的详细设计。因此，在 12.2.1 中提到的协调角色需要在分段装配施工之前就被确定。为了维持项目有效运行、降低能源地下结构业绩不佳的风险，在整个项目期间即从构思到调试的不同阶段都可能需要使用协调员。

设计阶段内的相互交流，对能源地下结构项目的成功交付非常重要；表12.1详细总结了一些相关领域内不同专家对相互交流的观点与看法，这些专业的详细设计要求在其他地方也能查阅到 [例如 GRO 12 第 13 章]。

12.2.3 其他系统设计

除了专业设计人员之间需要清晰地沟通外，在前期施工阶段的具体环节，应该提供系统需求的综述。应确保这些综述已经包含了所有设计变更，且考虑可能存在的系统性能不佳，未来地面条件改变或换热管回路损坏等情况下，系统的设计输出与建筑物需求之间预留足够的冗余。

有代表性的，一般默认 10% 的预留冗余作为起点，也就意味着地源热泵系统实际的能源输出设计值要比建筑物所需要的能源设计值大 10%。这个比率（实际上是一个能量性能的安全系数），可以增加也可以减少，这取决于系统设计者们在项目执行过程中的信心：包括他们以前建设这些系统的经验，在类似的地质条件和相似的运行情况下，系统所表现出的性能以及在施工过程中潜在变化等。

[现场研究] CS12.1 法国巴约讷创业服务中心能量桩项目（法国）

（1）简介

法国地热学家 ECOME 在地源热泵能源系统的建设过程中提出了一种系统的管理方法，并认为系统概念、设计和施工是一个有机的整体。能量桩系统设计是一项涉及传热、渗流、岩土工程以及结构设计等多学科交叉的工作。为了尽可能地获得最优化的结果，必须保证这些学科之间的连续性以确保能正确考虑所有环节之间的相互作用。

ETCHART 公司参加了位于法国西南部巴约讷的一个创业服务商业中心的设计和施工竞标，在这个项目中对环境效率的要求相对较高。下面的案例正是运用了 ECOME 提出的办法从而满足了相关问题的要求。

（2）投标竞争与概念设计

ETCHART 公司委托热能专业顾问 ECOME 提供服务，根据桩基的冷热需求进行可行性分析和成本估算，本项目的制冷和供暖整体总需求为 60kW。

根据已知的数据计算获得土体的导热系数，并利用该导热系数建立一个简化的数值模型进行热能评估。通过与空调系统（HVAC）工程师的合作，ECOME 优化了建筑节能系统，尤其包括使用 64 根长 12m 的端承型螺旋桩作为能量桩，来提供所有的供暖和制冷需求。最终，该方案中标了相关项目设计和施工业务。

（3）执行阶段设计

获得合同后，ETCHART 公司与他们的合作伙伴 Enercret GmbH 公司开展了现场原位热响应试验（TRT），并对地源热泵能源系统进行了详细的数值模拟工作。

考虑温度变化引起能量桩受力特性的影响，ECOME 优化了设计程序并开发了相关工具，且该过程得到了法国的建筑科学技术中心（CSTB）技术认证。执行阶段设计涉及以下几个方面：

1）桩体内部应力和桩侧摩擦力的要求；

2）桩－土相互作用和土体的抗剪强度；

3）由于不均匀沉降导致的能量桩对结构支撑力的变化情况。

承包合同中桩基设计长度比招标设计时略短。ECOME 根据这个桩基结构初步设计情况，估计能源系统和桩基结构的热效应，分析表明需要将能量桩的数量由原来设计的 64 根增加到 70 根，以满足能源设计需求。桩基础施工承包商基于桩基础的热力学分析结果，最终增加了三根桩基础的桩径以满足桩基础受力需求。

根据建筑物能源供应需求和热力耦合分析结果，ECOME 对热交换循环回路进行了优化，然后将相关数据传递给空调系统工程师来确认液压循环泵的需求。最后，将确定一个详细的方法来检查各个阶段内所安装系统的完整性。与之前强调的一致，ECOME 地热公司、桩基础施工分包商、总承包商以及空调系统公司（HVAC）之间，良好的合作关系、各自明确的责任以及互相之间准确无误的交流沟通，对确保整体项目的建设与交付十分重要，分项设计及其责任如图 12.1 所示。

12.2.4 认识和技能培训

关于能源地下结构交付的相关教育培训可以分为两大方面：意识领域教育和

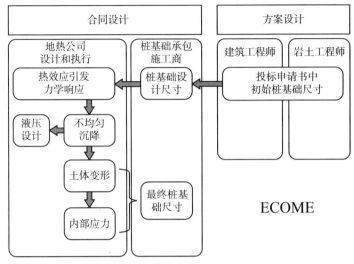

图 12.1 热效应的力学影响流程图

能源地下结构分项设计及其责任 表 12.1

设计单项	责任
机械电气 / 空调系统	这部分负责系统的机械和电气（M&EI）或供热通风与空调系统（HVAC），即给需要供暖 / 制冷的建筑进行加热 / 冷却，必须开发合适的模型来预测建筑结构的能量需求，从而能够定义地源热泵系统中的操作要求和控制系统；除此之外，还可能需要一些其他的加热 / 冷却元件
地源热泵	这部分负责将地源热泵能源系统集成到建筑物的气候控制系统中，这将需要与电气 / 空调系统和地质结构的设计者进行交流和合作以确定系统可以提供多大比例的加热 / 冷却负荷。地源热泵工程师需要使各方参与者都清楚系统设计的需求
地下结构物	这部分负责设计和满足岩土结构的需求，要清楚地知道将热交换元件集成到建筑物内部的要求以及结构尺寸的改变对热交换能力的影响。 将岩土结构的变化情况（如桩头高度，桩身断裂位置等）及时反馈给地源热泵系统工程师十分必要，因为这些变化将会影响整个系统的能源输出，工程师需要根据这些变化情况对系统作出及时地调整以满足设计荷载的需要

技术培训。根据包含有能源地下结构的项目所涉及的领域以及可能产生的影响，来提高参与者的意识觉悟；这可能需要在一个项目内的多个层面内进行并且取决于特定市场中的管理理念，具体包括以下几部分内容：

（1）必须告知用户或最后使用者相关的技术工艺，以及他们将从能源地下工程项目中获得什么样的便利。同时，用户需要了解在系统运行和交付过程中所涉及的领域以及系统的运作机理，并懂得如何来优化系统性能。当建筑物的所有者或是物业公司发生改变时，这些问题就显得非常重要。

（2）监管机构需要尽早介入规划和设计过程中，其要求也因国家或地区的不同而存在显著差异。很多情况下，监管机构都需要熟悉该技术的概念，并能够处理许多有争议的问题，例如对地下水流动和水质的影响等问题。如果刚开始时对这些系统不太熟悉，那个过程可能需要一些时间并导致项目工期延期的后果。

（3）能源地下结构附近的居民或可能受到影响的业主，需要了解该技术的工作原理及其可能产生的影响；更简单的说就是要让附近居民相信热污染不会对他们的生活产生任何影响。Frodl 等在 [FRO 10] 和现场研究 CS.6. 中提出，地下能源具有一定的价值，但是对其开发利用需要保持一定的限制。将来地下能源若被开发出更大的价值，业主可能会为他们在这个系统中所失去的隐形价值而付出代价。

（4）不言而喻，设计单位需要对技术非常熟悉而且要有足够的能力，以保证项目的成功交付。与传统电力空调系统相比，地源热泵系统需要对能源供应需求有一个更加深刻的理解。另外由于系统变得更加复杂就需要使用更加先进的分析方法，例如利用精确的热模拟与地基模型耦合，来评估能源供应的潜力以及对地下水和边界条件处热对流的影响程度等。

（5）施工单位需要非常熟悉该项技术且有将这些系统集成到地下结构物中的施工经验和能力。这些条件可能严重限制了可以参与投标并承接此类工程项目的单位数量；但是，如果施工队伍达不到这样的要求，那么在建设规划和预算期间就必须对每一个参与者进行明确的相关教育培训。由于采用了热交换系统，不同的施工部门之间也会因此而受到影响，这就需要各部门之间进行协调并能准确传达现场信息，以确保施工工作顺利完成。

（6）在施工完成后，地源热泵系统将会提交给业主，设备的物业管理单位将会操作经营该建筑系统。物业管理单位必须要掌握系统的工作原理并懂得如何将地源热泵系统（连同传统的转换系统）整合到建筑的空调系统中，从而实现当前系统性能优化并维护业主的利益。

除了简单的意识教育，还需在所有涉及的设计、施工和物业管理单位内进行特定的技能培训。这些技能培训需要针对具体每个项目进行开展，然而目前仅有欧盟范围内的运营商（GEOTRAINET）对安装埋管换热器（BHXs）的操作进行培训的方案；而这类型培训方案也许应该扩大到包括能源地下结构在内的各种特殊要求中。

12.3 施工

12.3.1 质量控制要求

在施工阶段需要对各个环节工艺进行监测和质量控制，以确保换热管循环回路受到的损坏最小。这就需要总承包商在地源热泵系统设计者的帮助下进行管理，而且必须在建设合同中明确规定这一条职责要求（和定价）。

应该在换热管的供应和安装过程中进行仔细检查；重点是在管道有切口和损伤的位置，因为这些位置容易发生泄漏或者阻塞，从而影响换热管内液体的流动。

对于管道运行压力发生改变的地方或者是靠近换热管网的地方，要进行强制性压力和流量检测。这些检查工作应该在预制构件运送之前和到达现场之后、桩/壁构件的现场混凝土浇筑过程中（图12.2）、打桩/墙体工作施工完成后以及基础工作启用前等各种情况下均进行。

[GRO 12]给出了一些关于检测点先后顺序的意见，以及对于不同类型能量桩系统所应采取的详细检测方法，并且对受损程度的接受标准给出了一些建议。

(a) (b)

图 12.2 换热管的压力检测

(a) 混凝土浇筑时；(b) 浇筑完成后一天内

在维也纳地铁站的建设过程中，使用了一种特殊的合同方式来规定包括换热管构件在内的建筑相关部门的责任 [UNT 04]。大家都承认在施工过程中构件会有一些不可避免的破坏损失，但同时也认为承包商有责任将损失量控制在一定范围内。因此，该合同规定：最多可以接受的损失量为循环换热管总长度的 3%（在供应和需求之间的设计余量也包括这一部分，见 12.2.3）；如果超出这一数值，承包商就必须对这些损失进行赔偿，而且要保证系统故障率不超过 12%。

12.3.2 安装与施工细节

12.3.2.1 桩基础

到目前为止，各种不同类型的桩（如微型桩、预制桩、沉管灌注桩或旋挖钻孔灌注桩等）都适合于安装换热管。

各种类型桩的问题都大致相同，即如何固定管道，如何完善管道安装工作使其对施工过程的影响降至最小，以及如何防止管道在安装过程中发生损坏（尤其是在桩身发生破坏时）并在受损后继续保持工作。许多与特殊桩型相关的问题已得到解决，并且将在下文进行讨论说明。

在混凝土桩头平整时，很容易使换热管管道受到破坏；不过已有足够成熟的技术手段保护换热管在该施工过程中降低损坏。通常情况下，换热管在桩体的入口和出口处被绑扎在一起，包裹脱胶泡沫（也在桩头的钢筋上使用）或类似材料，并套上一个刚性塑料套筒，如图 12.3 所示。

1. 混凝土预制桩

在工厂预制和装配成的混凝土预制桩，可以很方便地应用于地源热泵系统中。当通过锤击桩头来沉桩施工时，要注意对循环换热管的保护。通常情况下，包括措施有：将换热管安装在桩体内距离桩头一定距离处或者在桩体沉桩施工完成后再从桩身内引出换热管。

现场试验 CS12.2 描述了 20 世纪 90 年代早期奥地利的一座办公楼建筑基础中使用混凝土预制桩的工程案例，该建筑在 2008 年的扩建中使用了相同的技术对系统进行了改善。

预制桩的主要技术优点是：能批量生产且可以迅速安装，施工工期短（例如换热管的连接）等；换热管通常被限制在桩体最上部。一般情况下，低层住宅等荷载相对较轻的建筑结构，其桩基础深度相对较浅，导致桩体内桩埋管换热管回

图 12.3　混凝土浇筑之前，桩头安装换热管的保护套筒

路深度在 15m 范围内。目前市场上还没有针对在较长预制桩内安装换热管的经济可行的技术方案。

2. 管桩和螺旋桩

管桩或螺旋桩的桩体材料可以是钢、铸铁或者预制混凝土，桩体直接打入地下至设计深度形成桩基础。这种类型的桩径一般略小于 0.6m，桩体内安装 1~2 个循环换热管。

将循环换热管伸入到桩内空间后再灌注水泥浆。在日本，一般用装有水的循环换热管或者是利用钢管管内的开放循环系统作为循环回路形式（图 3.1）。对于某些类型的管桩，在桩体打入地下后需要进行灌浆，而桩体内浆体的存在会一定程度上限制循环换热管安装的长度。

现场研究 CS12.3 描述了芬兰的一项建筑物内安装循环换热管的系统使用案例，该案例方法将换热管的安装与地面施工阶段分离，从而避开了建筑施工的关键时期。

3.沉管灌注桩

沉管灌注桩（也称"Franki"桩）是通过将封闭式钢管打入到土体里形成的，必要时可以在钢管内放置钢筋笼，向沉管里装填混凝土之后把沉管抽出（将封闭钢管端部的端盖留下），必要时要补充混凝土填料。

通常情况下桩基仅承受竖向荷载，沉管灌注桩内未设置钢筋笼时，桩身只有一个中心区域来承受建筑物传递的荷载，这样可能会使桩体发生断裂破坏。在沉管灌注桩中，可以将换热管连接在桩身中心区域，这种方法的不足将会在介绍CFA型桩时进一步讨论。很显然，如果需要安装钢筋笼，换热管就需要在钢筋笼（换热管绑扎在钢筋笼侧壁）放入钻孔、浇筑混凝土之前完成。

[案例研究] CS12.2 混凝土预制桩（奥地利）

（1）简介

自 20 世纪 80 年代初，ENERCRET 公司就开始专门从事能量桩等能源地下结构的安装工作；1990 年其总公司 Nagelebau 在奥地利勒蒂斯建立新的办事处建筑中就使用了能量桩系统，如图 12.4 所示。

该系统共需要安装了 52 根长 12m 的预制能量桩，为 $934m^2$ 区域供暖；热量通过地板系统在建筑物内传递。

（2）通过"自然冷却"冷却

原本设计中不考虑制冷需求，但现在对于建筑物的制冷需求变得越来越明显，因此需要找一个简单的技术解决方案。对桩体与地板组成的加热系统进行"自然冷却"是一个简单且经济的解决方案；其中，术语"自然冷却"是指仅通过水泵

(a)   (b)

图 12.4　奥地利勒蒂斯 Nagelebau 公司办事处能量桩系统

使换热液体循环从而达到热交换的目的，这样就可以节省热泵运行产生的费用。

在这种情况下，系统内的水头压力相对比较小（小于2kPa），因此可以绕过热交换器接口直接将地下循环换热管与建筑物内部的循环回路相连接，这样可以更好的提高系统的冷却效率，而且地下土体温度最高不超过16℃，地下水常年流动，这些都有助于热交换的进行。

（3）改进

由于能量桩系统的成功应用，于2008年完成的建筑物扩建部分也使用了这项技术。这就需要额外增加49根10m长的能量桩来为扩建部分的供暖和制冷提供能源需求。该系统另外包括一个57kW的热泵与两台压缩机。

建筑的扩建部分做出了一些改进，采用空气通风的方式来保证办公室内的空气清新，这些空气在冬季预先加热，夏季预先冷却（指"自然冷却"）。这种方法中建筑物的供暖和制冷需求一部分由空气提供，但是主要部分仍然由能量桩系统提供。

（4）热性能

冬季需要供暖的建筑物面积约为2200m^2，夏季需要制冷的面积约为1970m^2，每年由于供暖而消耗的电量大约为20000度（成本约为2400英镑）。在供暖模式下，包括循环泵在内的系统性能系数（COP）约为4.3。2011～2012年期间系统的能源供应量，如图12.5所示。

运用能量桩系统仅需要使用一个450W的循环泵即可满足建筑物的制冷需求。每年由于制冷而消耗的电量为620度，成本仅为74英镑。夏季时该冷却系统的功率大约为35kW，房间温度可保持在26℃以下。

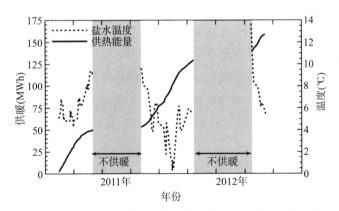

图12.5　能量桩系统运行两年后的能源供应量及其循环水温

[案例研究] CS12.3 钢管桩（芬兰）

（1）简介

能量桩基础在芬兰的第一次应用是在位于韦斯屈莱镇的一座六层办公楼基础中 [UOT12]。该建筑坐落于一个围垦湖造地场地上，湖底填充了大约 29m 深的有机质软黏土 / 粉土和中密粉土，软土层下方为冰碛物和基岩，地下水位在地表面以下 1~2m。

建筑物共需要 246 根装有换热管管道的钢管桩来支撑 691kN 到 1350kN 的建筑荷载；其中，桩身直径分别为 170mm 和 220mm、桩身长度分别为 22m 和 29m；每 3~4 根桩为一组用于支撑柱荷载，另外一些桩用来支撑底板。使用 4 吨液压锤来安装桩体，导管部分则是通过位于大直径桩内部或小直径桩外部的套管之间的摩擦力固定连接的。

（2）能量桩系统与布置

一根桩和 6 个基板桩组合为一组作为一个能量桩系统，能量桩系统之间的整体间隔保持在 5.5~7.8m 之间。初步估计，这种结构中，大约 50% 的建筑供暖和 40% 的制冷需求（使用"自然冷却"）都由能量桩系统提供。

在施工过程中唯一需要做出调整的，是桩头支承板和桩基承台的钢筋笼（见图 12.5，左上方）。这样桩体就可以穿过桩基承台来为循环换热管的安装提供接口（见图 12.5，中间和右边）。因此，支承板需要稍微大一些并为管道的通过预留孔洞。

每套换热管（一对 25mm 的 OD UponorPE-Xa 管）的端部都系有一个平衡锤，这样就可以利用重力将循环管安装到钢管桩内。其中有两根桩的循环换热管，被卡在了桩截面连接处的内部套管上，未能全部穿进钢管桩至底部。对于后续项目，为了避免上述问题的发生，Ruukki 提出用相对较大直径的管道提供外部连接套筒以替代内置套管的安装。当换热管插入后，钢管桩内的剩余空隙要用水泥浆填充。

循环换热管从桩身出发，通过底板和实际楼板之间的空隙延伸铺设到集合管处，在这一空隙中也安装有其他的辅助通道（见图 12.6d）。对循环换热管进行保温处理以防止热量损失。然后用绝缘电源线将集合管和机房及热泵进行连接。

（3）结论

这里介绍的基于钢管桩的换热管埋设方案有一个明显的优势，那就是循环换热管可以在桩基承台和建筑物的下部结构（如梁和底板，见图 12.6，左边）施工结束后再安装。这样就可以最大程度地降低换热管的损坏风险，而且可以减少施

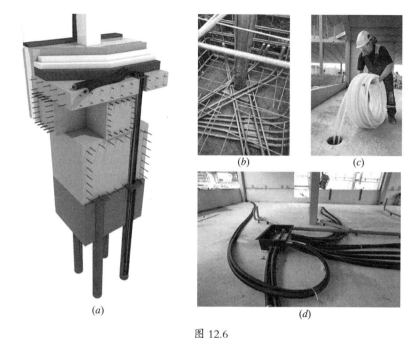

图 12.6

(a) 钢管桩示意图；(b) 能量桩穿过 4 根桩的桩基承台；
(c) 在楼板完成之后进行安装换热管，每根桩一个循环；(d) 铺设管道工程到控制室

工接口的数量。

在基础施工过程中唯一的额外费用，是针对能量桩的改进型支承板的预制和运输，以及从桩内延伸到地板的那部分换热管。由于换热管管道可以在建设项目的后期安装，脱离施工的关键时期进行；因此，这种方法也不会影响桩体的安装过程和基础的施工顺序。

文中所述的能量桩系统已于 2012 年初投入运行，并根据能源生产模拟、投资成本和目前的能源价格预计，该项工程项目的成本回收期约为 9~10 年 [UOT 12]。

(4) 螺旋桩

长螺旋桩（CFA）[也叫螺旋灌注桩（AGP）] 是将空心螺旋钻杆插入到土层设计深度后，通过阀杆对周围土体注入混凝土或水泥浆，使部分土体从桩孔里被挤出。目前与螺旋桩施工方法类似的技术，也被越来越多地使用，以下讨论的技术方案也同样适用于这些情况。

图 12.7　在插入 CFA 桩前安装在钢筋笼
上的循环换热管

由于施工方法的原因，往往需要把钢筋笼和换热管等原件伸入到浇筑的混凝土中。但是，混凝土和钢筋笼之间的摩擦力，钻孔深处混凝土的硬化以及钢筋笼本身的自重和硬度等因素都会影响钢筋笼在桩身内的放置深度。当钢筋笼被放置到中心区域时，一般都是采用单 U 或双 U 形循环换热管形式固定在钢筋笼上插入到桩内；然而，很多情况下这种方法并不一定适用，如图 12.7 所示。当把循环换热管插入到不同工艺（如 CFA/AGP 和 DCIS 等）的混凝土灌注桩内时，要遵循相同的规则来安装。

通常情况下，一个较轻的钢筋笼最多只能到达 8m 的深度，而较重的钢筋笼则可以达到 15~18m 的深度。钢筋笼的放置深度也有可能再深一点，但是钢筋笼在未到达目标深度时就被卡停的可能性也会增加。对循环换热管则可以实现 20~25m 的插入深度，但这取决于特定的现场情况且需要具体问题具体分析。此外，在使用加载或者锤击的方法来增加埋入深度时，要做好对换热管的保护工作以避免其受损。

需要提前确认插入换热管方面相关的风险（即可能达不到所需要的穿透深度或者换热管发生弯曲），并要考虑包括系统的设计能源输出需求在内的冗余量，如第 12.2.3 讨论。

（5）干法旋挖钻孔灌注桩

旋挖钻孔灌注桩，主要针对要求相对较高的地面荷载，根据地质条件使用钻机和铲斗施工完成钻孔并灌注混凝土形成桩体；在地质条件允许的情况下，通常使用干法旋挖钻孔；这就需要使用可收回的密封套管截面来隔离附近土壤中的孔隙水。

当需要将钢筋笼伸入到桩基钻孔全部深度时，换热管的管道可以直接固定在钢筋笼上；需要注意的是在钢筋笼交叉加固的地方需要保证管道的连续性。由于换热管管道的连接是一项十分耗时的过程，而且在现场连接管道时也存在如杂质进入管道并发生阻塞等一些工程风险；因此，一般情况下，都是在厂区外连接循环换热管以保证连接质量并减少项目工期耽误。

在需要连接钢筋笼的情况下，已经成功使用的一种方法是整体预制换热管管道回路，然后将管道的上半部分连接到上段钢筋笼上，并向内折叠剩余管道部分，运输到现场。预制钢筋笼到达现场后，下段笼就能和上段笼顺利连接并且循环换热管也顺着拉下，完成后继续拼接下一部分。不过，必须要保证管道在连接过程中不被弯曲。

另一种可能出现的情况是钢筋笼为了建筑结构承载需要，沿着桩身轴线向下延伸。当然，换热管在安装时很容易受到钢筋笼深度的限制，这里可以使用轻质骨架笼来支撑管道，或者从笼内挂接管道来使管道安装到达一个更大的深度；也可以使用小型笼来将换热管固定在桩边界附近，也叫作"灯笼"，如图12.8所示。

（6）湿法旋挖钻孔灌注桩

很多情况下，旋挖钻孔在干孔中是无法施工的，这就需要使用水、膨润土泥浆或聚合物等液体来浸没孔洞，以确保孔洞侧面的稳定性并以此平衡孔隙水压力。

对于干法钻孔灌注桩，在全长钢筋笼上安装换热管环路是相对简单的，即使钢筋笼不能到达孔洞的全部深度，也可以在钢筋笼以下用骨架笼来支撑换热管，但是使用骨架笼的费用可能会比较高。这种情况下，并不建议使用灯笼，因为在充满液体的孔洞里无法用肉眼确认换热管是否悬挂正确且不被混凝土下料管碰撞等，也就是说混凝土下料管对换热管的损坏风险太大。

另一个挑战是钢筋笼的连接问题。在法兰克福，大直径桩的安装是用水作为填充液体的。本项目施工时已经将穿过钢筋笼各个截面的换热管进行了焊接，而这一过程是十分耗时的。一个

图12.8 在笼达不到全部深度时使用"灯笼"来放置循环换热管

大直径桩需要在钢筋笼上安装 6~8 个换热管循环回路，对于单个桩的施工周期来说，每组节点的熔焊过程将增加约一天的时间。焊接换热管道也将增加循环换热的能源损失，并且需要增加泵的功率和运营成本。

这种方法在英国，由于施工费用、周期和技术等原因而不被使用。桩孔的侧面在填充液体下暴露的越多，整个桩身的软化就越大而且强度会降低。为了能尽早地安装换热管且尽可能减少焊接，在英国的第一个湿法旋转钻孔能量桩施工中，换热管管道沿着钢筋笼外侧壁布置，在钢筋笼的最上端部分换热管又绕回到钢筋笼的内部，以确保恢复钢筋的混凝土保护层和保证能顺利通过桩基承台，如图 12.9 所示。

相关研究人员认为，减少钢筋笼的保护层厚度而引起一些其他问题的可能性是相对较小的；主要基于以下几个原因：①换热管连接在纵向主筋的中间部分，由于缺乏氧气，距离地表深度越大、腐蚀性越小；②在靠近地表面处钢筋腐蚀的可能性是最高的，而此时换热管又安装在了笼内，混凝土保护层又将钢筋笼全部覆盖。对于特别恶劣的桩基施工环境，一种保持混凝土保护层的方法就是增加桩的直径（或者是减小钢筋笼的直径）；案例研究 CS12.4 描述了地下连续墙的处理方法。

（7）小直径桩

微型桩（直径 <300mm）和小型桩（直径 <600mm），都能够运用之前提到的大部分技术来完成施工，包括循环换热管的安装情况也同样适用。通常这种类型桩的施工都是在已有建筑的有限空间内进行的，因此需要特别注意换热管在穿过已有建筑物构件时的保护工作。

图 12.9 膨润土填充、钢筋笼外侧安装换热管的湿法旋挖钻孔灌注桩施工

12.3.2.2　地下连续墙

地下连续墙通常被用在支撑开挖的地下室和地下运输工程，以及明挖法或者明挖回填施工类的隧道等工程中。能量桩中循环换热管管道的安装问题同样需要在能源地下连续墙中予以考虑，也就是在安装过程和后续活动中做好对管道的保护工作。

然而在能源地下连续墙中还有很多其他问题需要考虑，案例研究 CS12.4 中描述了英国第一个能源地下连续墙的建设与交付过程，该项目在没有影响施工进度的情况下解决了十分复杂的换热管布置问题，而且满足管道的连续性要求。

通常情况下，换热管是从墙体引出，经由盖梁或者底板来布置路线，也就是沿着地下室最低的楼板来进行布置。在以前的项目中，虽然说允许管道所占用的空间也必须保持在盖梁的一定范围内，但这些要求都相对比较简单（图 12.10）。

［案例研究］CS12.4 地下连续墙（英国伦敦）

（1）简介

2010 年完工的宝格丽酒店是英国第一个应用能源地下连续墙的工程案例。利用高为 36m、壁厚为 800mm 并带有护墙板的地下连续墙体来支撑一个开挖六层、深 24m 的地下室空间，同时承受来自上部结构的竖向荷载。地下连续墙体穿过约 14m 深的土壤沉积层（粉质黏土和河流沉积层），到达伦敦黏土底层。地下水位距离地表大约 10m，在河流沉积层范围内。

为了提供 150kW 的供暖／制冷峰值，地下能源系统计划利用 100m 长的地下

图 12.10　换热管并入到墙盖梁中现场实物图

连续墙体（总共 3600m²），或者总边界的三分之二也就是 4925m 长的能量桩。由于沿着边界处设有一个地下室，因此无法将整个地下连续墙体都改造成能源地下连续墙。

（2）分析

能源地下连续墙需要关注的关键问题，是如何将供暖 / 制冷能力最大化，以及当只在墙体一侧安装换热管时，如何将热交换对墙体所产生的影响降低至最低，使施工复杂度（交付风险）降低至最小，并最终确保施工过程的连续性和地下连续墙体的质量 [AMI 10]。

（3）能源地下连续墙的热学特性

本项目中，仅在地下连续墙的一侧安装了换热管系统，与能量桩桩体不同的是承重的地下连续墙整体并没有都被土体包围，因此这里将会有很多不确定性即这将会如何影响系统的传热特性。由于缺少支撑数据，所以假设了很多较为保守的热能设计参数，并做了一系列的热响应测试来验证这些假设。第一次热响应测试是在地下室开挖之前进行用于验证设计值，第二次热响应测试是在开挖完成之后进行；测试显示导热系数的值减少了 10%；这个减少量比预测的要小一些，这样就为本章设计使用参数提供了依据。

（4）换热管的布置和安装

当项目开始施工时，针对顾问最初提出的换热管的排布方式进行评估，其中很多问题引起了专家的关注，如复杂的埋管形式，换热管与钢筋笼的绑扎细节，以及换热管在墙板出口处的连接细节等，这些细节都有可能会引起一些主要施工环节之间的冲突，增加钢筋笼的阻塞甚至影响整个系统的顺利交付使用。

基于对能量桩基础丰富的施工经验，GI Energy 公司和 Skanska Cementation 公司指出换热管在桩内的 U 形排布相比于之前"弹簧"型布置要简单 [AMI 10]。因此，在每一个地下连续墙体内靠近周围土体一侧的钢筋笼上安装两个循环回路；每个环路内换热管的间距为 0.5m，两个环路之间的距离大约为 2m。

这里采用了一个和旋挖钻孔灌注桩类似的方法，循环换热管被卷起来置于靠近能源地下连续墙的位置（见图 12.11，左侧），当开挖完成后就将换热管绑扎在钢筋笼的外侧面（见图 12.11，右侧）。将循环回路固定在保护层覆盖区域内，对钢筋的使用寿命来说基本没有影响；即便如此，在该项目中仍然决定为换热管提

图 12.11 宝格丽酒店：卷起来的循环换热管（左）被固定在地下连续墙体钢筋笼上（右）

供 75mm 厚的保护层以增加钢筋的有效保护层厚度。这样可能会使钢筋笼的布局发生一些改变但却能保证钢筋不易被腐蚀 [AMI 10]。

循环换热管的绑扎固定，以及在浇注混凝土之前的压力检测过程（图 12.2）都不会影响整个地下连续墙体结构的工期；地下连续墙体结构施工工期主要是由拼接各部分钢筋笼所需时间控制的，压力检测是桩基施工承包商在安装混凝土进料管时进行的。

（5）结论

该项目案例验证了在各个阶段内良好的合作、简单的施工详图、周密的准备工作和严格的压力测试标准，能保证能源地下连续墙系统的成功交付。

[案例研究] CS12.5 贯穿及防水（德国埃森）

（1）简介

本案例研究实际上是针对三个不同项目，举例说明其与引进能源地下结构（在此案例中为能量桩）进入施工过程相关的关系曲线 [HUD 10]。本案例重点研究减少施工复杂度，将换热管受损风险最小化，以及在不发生泄漏的情况下贯穿建筑维护结构的合理施工顺序，这些是由承包商 Bilfinger Berger SE 公司在施工过程中总结得到的。

每个项目的汇总见表 12.2；大直径桩的钻孔使用水作为支撑液体，其最大深度可达 50m，循环换热管回路被安装在预制的钢筋笼上，在前两个项目中钢筋笼是分段运输的，循环换热管在安装过程中现场焊接。

法兰克福能量桩项目总结			表 12.2
	美因大厦	Galileo	IG-Metall
完成年份	1999	2003	2004
建筑高度（m）	195	136	90
基底深度（m）	20	17.5	10
桩径（m）	1.5	1.5	1.2
桩长（m）	30	26~30	20
桩基数量	112	47	48
每个桩内的循环管数量	8	8	6
每个桩内的循环回路数量	8	2	1
额定功率（kW）	400	160	95

（2）解决方案

每个项目中，桩内循环换热管的布置形式和换热管进入建筑物温度控制中心的线路安排如下：

1）美因大厦：每根桩有 8 根换热管进入和 8 根导出（总共 16 根），每 8 根换热管组成一个总管道作为返回到控制中心的通道。从每根桩出来的管道经底板下多个位置进入大楼。在完成循环换热管的安装时该项目的故障率达到了 10%，而且在贯穿点发生泄漏时付出了昂贵的修复费用。

2）Galileo：为了避免在以前的项目中所遇到的问题，本项目将桩内的循环换热管并联形成两个循环回路，因此在桩上只有两根导入和两根导出的换热管。每个桩里的四个管道沿着底板延伸到一个公共点（图 12.12），用钢质箍环将这些管道固定并引导通过底板。为了进一步降低发生泄漏的风险，每根管道上用水泥浆注射套管（见图 12.12，右下）。在这个案例中，只有一根桩的循环回路失效，按照计划进行注浆处理，底板并没有产生裂缝。

3）IG- METALL：经过进一步的发展，在该项目中使用了一种全新的方法来连接换热管，即将桩内所有的换热管并联，只留下一根导入和一根导出管。这些管道直接延伸到底板中部，之后与相邻的桩并联，最后沿着底板铺设到竖井处为连接建筑物内部和控制中心提供接口。

（3）结论

除了以上所叙述的一些特殊问题的解决方案外，[HUD 10] 中还提出了关于能

图 12.12　　法兰克福 Gallileo 塔
换热管从桩内铺设到底板的贯穿位置（左）；底板端部的管架（右上）；
底板的注射套管和灌浆管（右下）

量桩建设过程中其他方面的一些问题，主要包括：

1）招标文件中关于地基工程的特殊要求；

2）设计和施工过程中的协调合作；

3）交接（在专业设计师和施工单位之间的交接）

4）在施工过程中的额外工作步骤；

5）质量保证（控制、压力测试和证明文件等）。

当换热管管道在墙体的底板层面导出时，按规定必须在浇筑混凝土期间保护管端，并且要保证在底板层面安装管道时能连续接入。当制作钢筋笼时，在适当位置预留箱形凹槽实现该要求，如图 12.13 所示。要特别注意预留箱形凹槽的存在不能影响完工后构件的质量，因为凹槽的存在会增加钢筋笼发生堵塞的可能性，而且要在浇筑混凝土之前确定好预留箱形凹槽的位置。

通常在地下连续墙施工时，必须要钻孔并销接预留搭接钢筋以保证楼板和二次衬砌的施工，当在能源地下连续墙系统中使用这种方法时，要防止钻井过程中刺穿换热管管道。由于这种方法存在较大的风险，因此对它做出了改进，即在有需要的位置预留箱形凹槽来放置搭接钢筋。

12.3.2.3　顶梁上部贯穿与防水

已经解决了在桩体或墙体中安装换热管管道的一些问题，还需要考虑确定换热管的布置路线，从而与热泵一同形成完整的热循环回路。需要关注的关键问题

图 12.13　换热管从箱形凹槽导出墙管（左图）以传送到能量板的下侧（右图），
得到了 Bilfinger Berger 的许可

导管上的亲水带

图 12.14　使用亲水带来对管进行防水处理（GI Energy 公司）

就是管道工程贯穿维护结构的位置和方式，以及在贯穿位置处是否会发生泄漏。
案例研究 CS12.5 描述了在法兰克福的三个不同项目中是如何处理这类问题的；管
道的循环回路形式越简单发生泄漏的风险也就越小。

在研究案例 CS12.5 中介绍的最后一个系统已经成功阻止了水泄漏到地下室，
其他的系统也已经成功运行；在英国已经开始使用胶泥凸缘和亲水性带进行防水
处治，如图 12.14 所示。

12.3.2.4　浅基础和筏板结构

地面承载楼板和筏（垫）板等横向构件，也完全可以用与垂直构件一样的方
式将其改造成能量板构件。

与垂直构件类似，都需要在安装过程中保护换热管，并尽可能地减少其对施
工过程的影响，而且仍然也需要专业技术人员与承包商之间的协调合作。与垂直

构件相比，在技术层面上解决施工问题是相当简单的，在这里就不进行详细讨论。

大多数情况下，换热管管道从桩／墙等构件穿出，通过板／筏等来与地面（或者是地下水）连接，一般默认这些构件都被用作能源结构物构件（图12.15）。这些应该被纳入到能源地下结构的热力设计评估中。

12.3.2.5　隧道衬砌

多年来，从瑞士阿尔卑斯山隧道排放出的热水，已经被使用在隧道控制中心、公共设施和居民区的供暖和制冷中 [WIL 03]。充分利用隧道工程中这些有益的副产品是很有意义的。然而，这只能是在某些特定情况下才可行；比如对那些位于能源隧道口附近的居民。

城市中就不太可能发生类似的情况，但仍然存在一些潜在的客户。经过多年工程实践，地下空间的热交换潜能已经得到充分验证；在奥地利和德国等国家，已经开展了一系列关于隧道用作地热能源系统的试验和示范项目研究 [BRA 06，FRO 10，SCH 10]。

热交换在隧道中的首次应用是在奥地利维也纳的 Lainzer 隧道中的 LT22 试验段，在喷射混凝土内衬（SCL）或 NATM 型隧道施工时安装了热交换换热管 [BRA 06]。

SCL 隧道施工中涉及一些土体机械开挖，这些土体需要自我支撑或者是通过土钉、岩石锚杆、灌浆钢管拱或其他技术进行加固，直到初期支护能够使用为止。在第二阶段施工时，进行二次衬砌。为了将 LT22 这类隧道改造成能源地下结构，

图 12.15　底板以下的粒状排水垫层内换热管管道排布

特意将热交换管安装在土工织物上，在二次衬砌施工之前使用灰浆将其固定在初期支护里，如图 12.16 所示 [BRA 06]。

在位于斯图加特的法萨南霍夫 SCL 隧道的两个能源地下结构试验段中也采用了这种方法 [SCH 10]；所不同的是该项目将热交换管夹在一组胶条上，然后依次固定在土工织物上，如图 12.17 所示。

另一种隧道施工法是使用隧道掘进机（TBM）开挖施工，在预制管片衬砌（SGL）安装之前需要使用支护结构来暂时支撑，并在隧道衬砌与周围土体之间的空隙内进行灌浆。

案例研究 CS12.6 描述了在奥地利的一个能量隧道衬砌段示范性项目的开发和使用情况。对于能源地下结构在隧道中应用的另外一种方案，是仅在隧道洞底拱安装热交换管道 [BRA 06]；在交通隧道工程中，这个区域通常需要填充以达到所要求的路面等级；因此，在这个区域安装热交换管道对于隧道经营者来说并没有任何损失。

正如案例研究 CS12.6 中所述，基于隧道的热交换和基于桩基的热交换在很多方面都有所不同，其中很大部分是关于规划和前期施工准备的。最主要的技术差别是：在隧道中可能会和周围土体以及隧道内空气发生热交换。在浅埋隧道（例如明挖隧道），短期运行隧道和靠近深层隧道入口处的空气温度相对较低，因此隧道内与地面的热交换将起主要作用。

[案例研究] CS12.6 隧道能源管片衬砌（奥地利延巴赫）

现在许多新的隧道都使用全断面隧道掘进机进行施工。这种技术能够确保隧道在软土地区开挖过程中对邻近建筑产生的损害降低至最小。这种类型的隧道结

图 12.16　将土工织物上的换热管固定在 Lainzer 隧道试验段中的初期支护上

图 12.17　在 Fasanenhof 隧道 SCL 试验段的换热管分布和循环回路布置示意图

构采用预制混凝土管片衬砌来支撑周围土体。

本案例介绍了一种由埃德旭普林公司和瑞好公司提出的，使管片衬砌隧道转化成为附近建筑物提供制冷／供热能源的热交换系统（SGL-HX）[FRA 11]。在奥地利延巴赫的一个直径为 12m 的双轨铁路隧道安装热交换系统，来为市政建设大楼提供热量。隧道底拱所在深度约为 27m，在这个区域内土层以饱和砂砾为主，这种地质条件有利于进行地下热交换；此外，在 54m 的深度范围内都安装了SGL-HX 构件来提供预测值为 15kW 的热量。

（1）注意事项

在延巴赫 SGL-HX 系统的建设与交付过程中，应注意以下事项 [FRO 10]：

1）监管控制与协调；

2）对承包商和施工单位的教育培训；

3）需要一定时间来取得受影响土地所有者的同意；

4）系统不同部分的所有权划定；

5）控制系统的维修通道；

6）铁路业主的要求：地下能源系统的存在不会影响隧道的正常运行。

此外，将热交换系统安装到 SGL 片段中还应满足下列要求：不能破坏结构的完整性和衬砌的水密性，换热管的安装应该在管片的制造过程中完成，相邻管片之间的管道连接虽然不会受隧道掘进机的施工干扰，但应有足够的强度以满足耐用性和隧道变形的要求。

（2）解决方案

由 ED Ziiblin 和 rehau（见图 12.18，底部中部）开发的隧道能源管片衬砌可以采用与普通管片相同的方法来制作，唯一的区别在于能源衬砌管片需要在钢筋笼外表面固定热交换管。热交换管的末端裸露在衬砌上段面的预留箱形凹位内（见图 12.18，右上），热交换管的连接耦合系统也已经成功应用很多年 [PRA 09]。

将地源热泵能源系统安装到隧道中，不会对隧道的服务和运营产生影响，装有导热液体的管道沿着隧道底拱延伸到相邻的应急井上（见图 12.18，左上）。

在已完工的隧道里，二次衬砌会将管片覆盖，而底拱上的管道工程也会被铁路道床所覆盖，这样的话完工后就接触不到循环管道。因此，每个循环回路的分布控制都安装在应急井上，这样就可以在不中断隧道运行的情况下检修管道（见图 12.18，下方）。

（3）概要

自 2012 年秋季开始，该隧道的热交换系统就一直成功运行着，而且能源供应量能够达到预期值。对系统运行中所获得数据做进一步分析能帮助我们优化系统性能。

SGL-HX 系统的发展和应用说明，隧道掘进机开挖隧道能被用做经济可行的热交换系统。安装该系统所需的额外费用与重新开挖隧道工程所需的费用相比要少很多。额外的安装费用至少需要 10 年才能收回成本，但是这段时间和基础设施工程的使用寿命相比又是可以忽略的。

隧道能源衬砌管片的使用，为在拥挤的城市环境中获得地热能源提供了一种新方法，并且能够在其他工程中大量使用来代替密集的空调系统。

然而，在隧道内部由于聚集了来自汽车制动、空调、火车空转以及公共设施等的余热量，导致隧道里空气温度趋于稳定（大约为 20~30℃），因此可以从地面和隧道空气中获取热量；就隧道制冷而言（热提供给用户）后者将会为隧道所有者提供一些便利。然而，隧道运营商却不喜欢那些由于用户的制冷需求而注入隧道内部的热量。

当隧道作为能源地下结构时，需要认真考虑能源隧道和潜在用户之间的衔接问题。和能量桩基础不同，能源隧道中的热量采集工作是由隧道的所有

图 12.18　完工后的隧道（上左）管道延伸铺设到应急井（中间）；
预制隧道管片截面（底部）带有熔焊连接管道的隧道管片衬砌图（上右）

者一方进行的，而热量的最终使用者却是附近的私人商场、公共设施和居民等。此外，需要根据法律要求就使用条款和系统维护来明确双方的责任，[FRO 10] 中也提出隧道所有者应该得到一部分经济补偿，作为能源提供或者能源权利租赁的费用。

就优化循环管道的长度而言，需要建立一个协定（在管道网络的能量损失达到不可接受之前），在那些管道从地面进入或导出隧道的地方需要考虑接触面问题，比如，竖井通道、站台和潜在客户所在的位置处。

尼科尔森等 [NIC 13] 针对伦敦 Crossrail 项目中，沿线铁路上对能源获取的潜在需求，与连接点的分布对"城市模型"做出了评估（图 12.19）。很显然，对于这种大型工程，需要在项目前期就有一个良好的规划和愿景，以保证需求和供给之间能够准确而完美的匹配。

能源地下结构正处于一个不断发展的过程中，而且热交换对邻近建筑的潜在影响是很小的（除非那里有显著地下水流动或者能源地下连续墙构件刚好是在边界上的情况）。但是，隧道作为线性工程穿越多个土地所有者的区域，使得工程协调更加复杂化。因此，除了隧道的物理影响外，从地面以下获取能源或许也需要一个特殊的许可。这就需要证明温度荷载不会对地面及以下部分的性能产生不利影响，而且需要对土地所有者所失去的热量能源给予一定补偿。

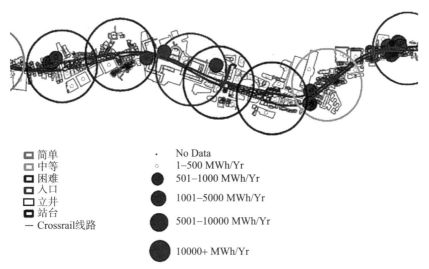

简单
中等
困难
入口
立井
站台
— Crossrail线路

• No Data
○ 1–500 MWh/Yr
● 501–1000 MWh/Yr
● 1001–5000 MWh/Yr
● 5001–10000 MWh/Yr
● 10000+ MWh/Yr

图 12.19 沿着伦敦 Crossrail 铁路路线的隧道接触位置和城市模型的热能需求图 [NIC 13]

12.4 系统的集成与调试

能源地下结构(事实上是 BHX 系统)的成功交付不仅仅需要系统的物理安装，而且要有一个很庞大的建筑温度调控系统。地源热泵系统运行要比传统空调系统更加复杂，需要将建筑温度调控系统与传统的冷凝锅炉或集中供热方案结合使用，也需要一段时间来优化对可再生能源的合理利用。

为了对系统进行优化调整，必须安装一个监控系统（可以是整合到建筑的管理系统中，BMS）来记录一些关键的运行变量，例如实际建筑供暖和制冷需求量，各个热源需要提供的能源量，在地面循环回路里的温度，以及热泵的能源供应和流量等。

Schnurer[SCH 06] 和 Kipry[KIP 09] 指出，地源热泵系统的早期调试过程开始就需要进行持续监测（参考第 3 章）。该研究综述了三个钻孔埋管换热系统、两个能量桩系统和能量筏板基础的运行状况；分析发现，有一半的能源系统对季节性性能因素（SPFs）表现不佳，SPFs 值小于 3。通过三年多的研究以及与业主的合作，SPFs 值在初始值基础上提高至两倍左右，即从 3 增加到 8；通过"自然冷却"来进一步提高系统优化的潜力。

Schnurer[SCH 06] 和 Kipry[KIP 09] 等总结了几个系统表现不佳的原因：

（1）涉及一个小的温差，也就是意味着一个较差的设计和调控系统并不能在冬天吸取热（或夏天注入热），不能通过反季节来维持整体系统的正常运行。

（2）没有足够的控制系统来控制反应时间，反应较快的常规空调系统可能会取代地源热泵技术系统。

（3）由于系统反应的滞后，如果没有正确的系统管理标准，在春季和秋季的气候条件波动较大时，可能会导致不必要的系统运行，例如外部气温定义在既不冷又不热的范围内波动时将会激活系统 [KIP 09]。

12.5 本章小结

能源地下结构成功安装与运行的核心标准是：既要安装一个没有损伤的热交换循环系统，又要保证其对常规地下结构物施工的影响至最小。本章强调从前期施工阶段开始到项目运行所有的过程中都需要调试，并特别考虑如下问题：

（1）在施工过程中各个阶段内的交流合作是成功的关键，而且应该明确规定每个参与者各自所承担的责任。

（2）在整个建设和交付运行过程中，需要对地源热泵系统的能源供应能力进行审查，要对所有的设计和施工变更做出明确的解释，而且要满足所设计的能源需求。一旦系统运行，这也是进行系统优化的参考基准。

（3）在施工过程中，地源热泵系统中的管道工程会对地下结构物很多施工环节产生干扰影响，一定要处理好这些施工步骤之间的先后顺序；且对管道进行目视、压力以及流量检查。

（4）必须将换热管循环回路的功能损伤控制至最小，而且应该在合同里明确规定造成相应损失的相关责任。

（5）由于使用了地源热泵系统，各种类型的桩基、地下连续墙和隧道等构件均成为地下能源结构的一部分；因此，非常有必要针对这些能源地下结构进行更为全面且细致的研究工作。

（6）要处理好由于管道工程贯穿建筑围护结构而可能发生泄漏的地方，并应采用适当的防水手段。

（7）桩基础和地下连续墙中的能源系统一般采用站点到站点间运行；有时，能源系统会对邻近建筑物属性产生一些热污染影响。然而，对受影响的建筑物管理不应比典型常规结构中共用墙的审批更加繁重。

（8）对于线性能源地下结构（例如隧道）而言，由于其涉及面更多；因此，与传统能源建筑相比，这种类型系统的成功交付需要对设计以及所有的参与者提出相对更高的要求。尽管能源设计是一个全新的领域，但是在任何情况下这都是隧道等线性结构物的典型特征。

（9）大部分地源热泵系统需要一个运行优化期，以保证控制系统能够将可再生能源的供暖/制冷性能最大化。当地源热泵系统与传统的空调系统进行比较运行时，这种优点表现更明显。

本章讨论的现场研究不仅仅强调前期施工过程的概述，而且列举了很多能源地下结构的工程实例，这些建筑都已经成功交付而且为减少二氧化碳的排放做出了很大的贡献，而且始终将业主的使用费用考虑在设计中。

致谢

　　本章第一作者对其他各位合作作者为本章内容提供数据和时间精力支持表示感谢，同时感谢合作作者所在的 Bilfinger、ECOME、Ed Zublin、ENERCRET、GI Energy 和 Ruukki 公司单位；感谢为本章内容提供参考文献及图片的每一个人。

参考文献

[AMI 10] AMIS T., ROBINSON C.A.W., WONG S., "Integrating geothermal loops into the diaphragm walls of the Knightsbridge Palace Hotel project", *Proceedings of the 11th DFI/EFFC International Conference on Geotechnical Challenges in Urban Regeneration*, London, p. 10, 2010.

[BRA 06] BRANDL H., "Energy foundations and other thermo-active ground structures", *Géotechnique*, vol. 56, no. 2, pp. 81–122, 2006.

[FRA 11] FRANZIUS J.N., PRALLE N., "Turning segmental tunnels into sources of renewable energy", *Proceedings of the ICE Civil Engineering*, vol. 164, no. 1, pp. 35–40, 2011.

[FRO 10] FRODL S., FRANZIUS J.K., BARTL T., "Design and construction of the tunnel geothermal system in Jenbach", *Geomechanics and Tunnelling*, vol. 3, no. 5, pp. 658–668, 2010.

[GRO 12] GROUND SOURCE HEAT PUMP ASSOCIATION, "Thermal pile design installation and materials standards, Issue 1.0", Ground Source Heat Pump Association, Milton Keynes, UK, p. 85, available at www.gshp.org.uk/Standards.html, 2012.

[HUD 10] HUDE N., WEGNER W., "Energy piles as interface between foundation engineering and building services", *BauPortal*, vol. 2, 2010, pp. 2–7, [original in German], available at www.building-construction-machinery.net/shop/topics/special-civil-engineering/topic/. [English version], 2010.

[KIP 09] KIPRY H., BOCKELMANN F., PLESSER S., *et al.*, "Evaluation and optimization of UTES systems of energy efficient office buildings (WKSP)", *Proceedings of the 11th International Conference on Thermal Energy Storage*, Paper 43, EFFSTOCK, Stockholm, available at http://intraweb.stockton.edu/eyos/energy_studies/content/docs/effstock09/Session_6_1_Case_studies_residential_and_commercia_buildings/43.pdf, 2009.

[NIC 13] NICHOLSON D.P., CHEN Q., PILLAI A., *et al.*, "Developments in thermal pile and thermal tunnel linings for city scale GSHP systems", *Proceedings of the 38th Workshop on Geothermal Reservoir Engineering*, Stanford University, CA, Stanford, p. 8, available at https://pangea.stanford.edu/ERE/pdf/IGAstandard/SGW/2013/Nicholson.pdf, 2013.

[PRA 09] PRALLE N., FRANZIUS J.-N., ACOSTA F., *et al.*, "Using tunneling concrete segments as geothermal energy collectors", *Proceedings of the Central European Congress on Concrete Engineering*, Baden, pp. 137–141, 2009.

[SCH 06] SCHNÜRER H., SASSE C., FISCH M.N., "Thermal energy storage in office |buildings foundations", *Proceedings of the 10th International Conference on Thermal Energy Storage*, ECOSTOCK, Galloway, NJ, available at http://intraweb.stockton. edu/eyos/energy_studies/content/docs/ FINAL_PAPERS/11A-4.pdf, 2006.

[SCH 10] SCHNEIDER M., MOORMANN C., "GeoTU6 – a geothermal Research Project for Tunnels", *Tunnel*, vol. 29, no. 2, pp. 14–21, available at www. uni-stuttgart.de/igs/content/publications/190.pdf, 2010.

[UNT 04] UNTERBERGER W., HOFINGER H., GRÜNSTÄUDL T., *et al.*, "Utilization of tunnels as source of ground heat and cooling – practical applications in Austria", *Proceedings of the 3rd ISRM International Symposium*, ARMS, Kyoto, pp. 421–426, 2004.

[UOT 12] UOTINEN V.-M., REPO T., VESAMAKI H., "Energy piles – ground energy system integrated to the steel foundation piles", *Proceedings of the 16th Nordic Geotechnical Meeting (NGM 2012)*, Copenhagen, pp. 837–844, 2012.

[WIL 03] WILHELM J., RYBACK L., "The geothermal potential of Swiss Alpine tunnels", *Geothermics*, vol. 32, nos. 4–6, pp. 557–568, 2003.

第13章
Thermo-pile 能量桩设计软件

Thomas MINOUNI & Lyesse LALOUI

13.1 基本假设

Thermo-pile 软件主要用于估算温度变化引起的桩基内应力、应变值。假定圆形横截面桩基位于多层土体中，承受恒定竖向荷载作用；模型桩先受到上部力学荷载，然后受单调循环温度变化（即增加或减少）引起的荷载影响。温度变化可以被选择为一个沿桩身轴线方向的常数或基于原位测量的实际温度曲线。

假设桩基础的热力学响应是热弹性且与时间无关。利用弹塑性荷载传递曲线将桩体位移及承载性能与桩周土体响应联系起来；但是，所采用的荷载传递曲线并不能考虑温度的影响，即土体本构模型中未考虑热传导因素。未考虑桩周土体沉降引起的桩侧负摩阻力、温度变化引起的桩周土体径向热应变等影响。当桩顶发生隆起或沉降时，基础结构物（如筏板、墙体等）采用线弹性刚度模型进行计算，即力学荷载设置为热效应的初始值。

13.2 数学模型与数值实现

13.2.1 荷载传递方法

荷载传递方法使用荷载－位移传递曲线来表达桩－土相互作用，并将桩体位移及承载力值与土体承载性能联系起来（端阻力和摩阻力）。

13.2.1.1 荷载传递曲线

已有研究中提出了很多不同的荷载传递模型，详细见参考文献（ARM87，FRA82，FRA91，RAN78）；本章介绍的 Thermo-pile 软件中使用由 Frank 和 Zhao 提出的荷载传递曲线（FRA82），侧摩阻力刚度 k_s 和端阻力刚度 k_b 分别由梅纳尔系数 E_M 估算获得。

在黏性土中，计算公式为：

$$K_s = \frac{2E_M}{D} \text{ 而 } K_b = \frac{11E_M}{D} \tag{13.1}$$

式中，D 为桩径。

在粗粒土中，类似的计算公式为：

$$K_s = \frac{0.8E_M}{D} \text{ 而 } K_b = \frac{4.8E_M}{D} \tag{13.2}$$

Frank 和 Zhao 曲线为双折线模型，其弹性刚度 k_s（k_b）变化范围为 0 到 $\pm q_s/2$（$\pm q_b/2$）；当曲线达到极限值时，应力保持不变、应变无限增大；模型的卸载也视为弹性；具体侧摩阻力荷载 – 位移关系曲线模型如图 13.1（b）所示。类似的，可以获得不同折线数量的荷载关系模型，分别如图 13.1（a）和 13.1（c）所示。

13.2.1.2　极限承载力

在 Thermo-pile 软件中，采用了四种计算土体极限承载力的方法。针对粗粒土，采用基于 DTU 经验公式和 DTU 分析方法两种方法（法国规范，DOCument Technique Unifie）；第三种方法是基于 Lang 和 Huder 理论模型 [LAN78]；最后，设置开发窗口供设计使用者自定义极限承载力 q_s 和 q_b 值。该方法中使用到的变量名及其符号见表 13.1。

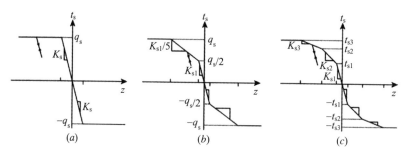

图 13.1　Thermo-pile 软件中采用的荷载传递曲线示意图

不同方法中使用的物理参数变量及符号　　　　　　　　表 13.1

符号	变量
c'	土体黏聚力
δ	界面摩擦角
φ'	土体界面摩擦角
k	侧向土压力系数

DTU 法：对于 DTU 方法，桩端阻力也是通过相同的经验和分析公式得到的：

$$\begin{cases} q_b = 50N_q + \lambda N_c c' \\ N_q = 10^{3.04\tan\varphi'} \\ N_c = (N_q - 1)\tan^{-1}(\varphi') \end{cases} \tag{13.3}$$

式中，N_c 和 N_q 为承载系数；λ 为桩体形状因素，当横截面是圆形时取 1.3。

在 DTU 分析方法中，极限承载力是用户根据 DTU 经验和计算公式自行定义确定的：

$$\begin{cases} q_s = k\sigma'_v \tan\delta \\ k = k_0 = 1 - \sin\varphi' \end{cases} \tag{13.4}$$

式中，σ'_v 为沿着桩身分布的垂直应力。

Lang 和 Huder 理论：该理论由 Lang 和 Huder 提出 [LAN 78]，由下式计算极限桩端阻力：

$$\begin{cases} q_b = (N_c c' + N_q' \delta_v)\,\chi \\ N_q = \exp(\pi \cdot \tan\varphi') \cdot \tan^2\left(\dfrac{\pi}{2} + \dfrac{\varphi'}{2}\right) \\ N_c = (N_q - 1)\tan^{-1}(\varphi') \end{cases} \tag{13.5}$$

式中，N_c 和 N_q 为承载系数，σ'_v 为桩端底部土体垂直应力，χ 为桩体形状校正因子。

桩-土接触面处，桩侧极限摩阻力计算公式为：

$$\tag{13.6}$$

13.2.2 荷载引起的位移

上部荷载 P 作用下，桩体位移是通过 Coyle 和 Reese 所建立的荷载传递方法进行计算的 [COY66]。考虑桩体第 i 个单元体，已知参数：桩径为 D，计算单元长度为 h_i，在单元体上部 $Z_{H,i}$ 和下端部 $Z_{B,i}$ 处分别施加轴向力 $F_{H,i}$ 和 $F_{B,i}$，位于深度为 $Z_{M,i}$ 处的摩擦力为 $t_{s,i}$，施加在中部 $Z_{M,i}$ 处的轴向力为 $F_{M,i}$；具体如图 13.2 所示。根据胡克定律建立平衡方程可得：

$$\Delta z_i = \frac{F_{B,i} + F_{M,i}}{2}\frac{1}{AE}\frac{h_i}{2} = \left(F_{B,i} + \frac{1}{2}\frac{h_i D\pi}{2}t_{s,i}(z_{M,i})\right)\frac{1}{AE}\frac{h_i}{2} \tag{13.7}$$

其中，$\Delta z_i = z_{M,i} - z_{B,i}$。

$$z_{M,i}-z_{B,i}-\left(F_{B,i}+\frac{1}{2}\frac{h_iD\pi}{2}t_{s,i}(z_{M,i})\right)\frac{1}{AE}\frac{h_i}{2}=0 \qquad (13.8)$$

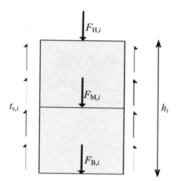

图 13.2   桩基单元体受力示意图 [KNE11]

$Z_{M,i}$ 的估算值包含在式 [13.8] 的解中，则 $F_{M,i}$ 由以下公式计算得：

$$F_{M,i}=F_{B,i}+\frac{h_iD\pi}{2}t_{s,i}(z_{M,i}) \qquad (13.9)$$

最后，单元体顶部荷载 $F_{H,i}$，可由下式获得：

$$F_{H,i}=F_{B,i}+2(F_{M,i}-F_{B,i}) \qquad (13.10)$$

在 $z_{H,i}$ 处，相应的位移表达式为：

$$z_{H,i}=z_{B,i}=\frac{F_{M,i}}{AE}h_i \qquad (13.11)$$

位移是从桩体的底部向顶部进行迭代计算获得的，且单元体顶部计算得到的位移被用作是上覆单元体的底部位移。假定桩端的底部初始位移为 ΔZ_n 时，须考虑满足桩体的静力平衡方程

$$T_b+\sum_{i=1}^{n}T_{s,i}+p=0 \qquad (13.12)$$

由力学荷载引起的轴向应变，最后由桩内的轴向应力推导获得。

13.2.3   温度变化引起的位移

当桩体被加热或制冷后，桩体将绕中性轴发生膨胀或者收缩 [BOU 09]。其结果是，中性点上方的热滑动力总和等于它下滑力的总和：

$$\sum T_{\text{th,NP}} = \sum_{i=1}^{NP} T_{\text{s,th},i} + T_{\text{h,th}} + \sum_{t=NP+1}^{n} T_{\text{s,th},i} + T_{\text{b,th}} = 0 \qquad (13.13)$$

13.2.3.1 没有力学荷载的情况

我们首先考虑桩体没有上部力学荷载作用时的加热和制冷循环情况。在这种情况下，温度改变之前桩体没有应变。通过迭代过程计算约束应变。

（1）初始应变情况：假设桩的初始状态是完全自由的，以此计算动摩阻力（包括桩侧摩阻力和桩端阻力）。因此，初始应变应该等于自由应变：$\varepsilon_{\text{th}} = \varepsilon_{\text{th, f}} = a\Delta T$。

（2）位移情况：定义中性点处没有位移（$Z_{\text{th, NP}} = 0$）。因此，位移是从中性点位置开始计算至桩底的。在这些位移当中，t-z 曲线提供了第一组沿桩身轴线的应力-应变关系：

$$\sigma_{\text{th},i} = \left(T_{\text{th,b}} + h_i D \pi \sum_{j=1}^{n} t_{\text{th},s,j}\right) \frac{1}{A} \qquad (13.14)$$

（3）约束热应变 $\varepsilon_{\text{th, b}}$，由下式计算获得：

$$\varepsilon_{\text{th,d}} = \frac{\sigma_{\text{th}}}{E} \leqslant \varepsilon_{\text{th,f}} \qquad (13.15)$$

（4）真实应变，由初始应变减去约束热应变获得：$\varepsilon_{\text{th,o}} = \varepsilon_{\text{th,f}} - \varepsilon_{\text{th,d}}$。

重复步骤（2）～（4），观测新得到的应变值，直到其计算值 $\varepsilon_{\text{th}} = \varepsilon_{\text{th0}}$ 为止。其他一些相关量，如桩体位移、轴向应力、桩侧摩阻力以及桩端阻力等将都可以通过计算获得。

13.2.3.2 有力学荷载的情况

当有上部力学荷载时，将力学荷载作为热效应的初始值；在卸载（或上拔）情况下，应力路径遵循卸载阶段的相关准则。

13.3 计算方法的验证

通过两个现场原位试验，验证 Thermo-pile 软件计算方法的准确性 [KNE 11]；两个现场试验分别为：真实 EPFL 建筑物下的测试桩 [LAL 03] 和朗伯斯学院测试桩 [BOU 09]。

EPFL 测试桩：加热与制冷过程中，现场实测和 Thermo-pile 计算模拟所得的桩身应变沿桩深方向的分布对比图如图 13.3 所示。Thermo-pile 计算模拟所得结果与现

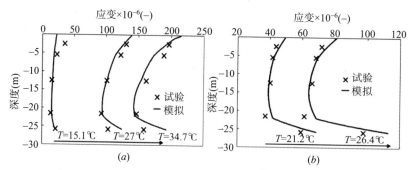

图 13.3　加热过程中 EPFL 测试桩实测和模拟应变结果对比图
(a) 测试桩 1；(b) 测试桩 7

场实测数据拟合良好。但是，Thermo-pile 计算模拟中所用的温度是将桩内的平均增长温度作为一个常数，而不是用所测到的真实温度。由图 13.3 可知，由于桩底部温度低于平均温度，导致该处 Thermo-pile 计算模拟所得的结果相对实测值较高。

EPFL 测试桩现场土层参数　　　　　　　表 13.2

土层	A1	A2	B	C	D
q_s（kPa）	102	70	74	160	—
q_b（MPa）	—	—	—	—	11
K_s（kPa/m）	16.7	10.8	18.2	121.4	—
K_b（kPa/m）	—	—	—	—	667.7

朗伯斯学院测试桩现场土层参数　　　　　　表 13.3

土层	1	2	3	4
深度（m）	0~6.5	6.5~10.5	10.5~16.5	16.5~22.5
E_M（MPa）	45	45	45	45
q_s（kPa）	35	60	70	80
q_b（kPa）	—	—	—	460

13.4　能量桩桩－筏结构

桩－筏基础结构中，由于刚性筏板的设置，能量桩之间的相互影响作用会导致整体桩－筏基础性能的变化。事实上，当加热或冷却整个群桩基础时，群桩整体隆起或沉降，这种情况下桩－结构－桩之间的相互作用影响相对较小；相反的，当仅仅加热群桩基础中的一部分桩时，将导致能量桩与常规桩（未加热桩）之间产生较大的相对位移，从而导致更大的相互作用 [DUP 13]。

　　Laloui 等 [LAL 99，LAL 03] 研究发现当基地地板建成后，EPFL 测试桩的自由度将从 0.8 减少到 0.6；然而，当建筑第一层建成至第四层楼板时，该自由度仅从 0.6 减少到 0.5。由此充分说明筏板结构对能量桩设计的重要性；有必要进一步理解和掌握筏板和地基梁等构件，因为减少能量桩运用引起的不均匀沉降是设计的重要组成部分。

13.4.1　常规方法

　　结合不利因素，本章运用能量桩设计工具和 Euler-Bemouli 梁模型，提出了一种计算含有能量桩的桩基－基础梁组合结构的计算方法 [BAU 09]。结构形式为：地基梁的两端由常规桩（即无温度变化桩基）支撑、中间由能量桩支撑，具体示意图如图 13.4 所示。忽略地基梁底部土体支撑承载的影响；Thermo-pile 软件中利用刚度 K_h 来模拟能量桩受温度影响后对地基梁的影响 [KNE 11]，常规桩的受力响应由地基梁的变形引起。

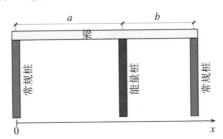

图 13.4　中间为能量桩、两端为常规桩支撑地基梁结构示意图

　　温度变化过程中能量桩将会膨胀或者收缩，桩头也将会产生变形，能量桩桩头变形引起地基梁的变形并将这种变形传递到传统桩体上。假设 R_P、R_L 和 R_R 分别为能量桩、左右两侧传统桩对地基梁的作用。首先，考虑没有任何力学荷载作用在地基梁上时，在施加热荷载之前，$P_P=P_L=P_R=0$。施加热荷载之后，能量桩膨胀，并通过地基梁将 R_P 分配作用到左、右两侧传统桩中；根据所给出的静力平衡条件可得：

$$\left.\begin{array}{l} R_P-R_L-R_R=0 \\ aR_L-bR_R=0 \end{array}\right\} \Rightarrow \left\{\begin{array}{l} R_L=\dfrac{a}{L}R_P \\ R_R=\dfrac{b}{L}R_P \end{array}\right. \tag{13.16}$$

式中，a 和 b 分别为左、右两根传统桩距离能量桩的距离，由能量桩在地基梁下方的位置决定，如图 13.4 所示；L 为地基梁的长度。

因此，可由迭代过程求解此问题。求解顺序如下：

（1）初始化：假定两根传统桩与地基梁之间是固定连接，左、右两根桩的桩头位移 V_L 和 V_R 均设置为 0。基于桩体静力平衡状态，将能量桩荷载作用点处梁的挠度 V_P 与力的大小联立方程如下：

$$R_P = \frac{3EI_{Gz}L}{a^2 b^2} v_P = -P_P = K_h V_P \tag{13.17}$$

式中，I_{Gz} 为梁的二阶矩。地基梁的静力平衡状态，桩头刚度初始值由下式确定：

$$K_h = \frac{3EI_{Gz}L}{a^2 b^2} \tag{13.18}$$

（2）在 Thermo-pile 软件第一次分析中，使用式（13.18）计算得到的 K_h 值，假定一个能量桩桩头位移 V_P 值，通过式（13.17）计算得到对能量桩的第一次作用力 R_P，通过式（13.16）计算获得作用到左、右两侧传统桩体里的作用力。

（3）在 Thermo-pile 软件第二次分析中，基于左、右两根传统桩的前一次运动状态，分析获得两根传统桩新的桩头位移 V_L 和 V_R 值。

（4）利用传统桩的桩头位移，通过计算地基梁的挠曲线形状来计算新的 K_h 值 [详见式（13.18）]。从而，在新的条件下，新的有效位移 V_P 将会被计算出来。继而，通过新的 V_P 值来分析 R_P，以确定新的桩头刚度值。

重复步骤（2）~（4），至其达到收敛状态。迭代计算过程流程图如图 13.6 所示。

13.4.2　积分常数确定

第 13.4.1 节中步骤 4 的详细计算过程在本节中交代。该方法是基于简支梁受到集中荷载时的 Euler-Bernoulli 梁理论，根据图 13.6 迭代计算步骤给出示例如下：

地基梁的静力平衡条件如下：

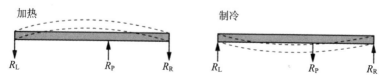

图 13.5　能量桩加热或制冷时两端常规桩对地基梁的作用力示意图

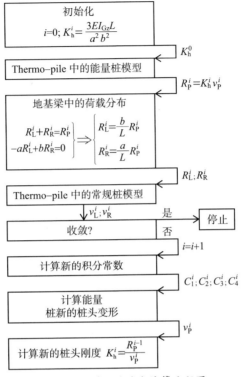

图 13.6　详细的迭代计算流程图

$$R_A = \frac{b}{L}P \text{ 和 } R_B = \frac{a}{L}P \tag{13.19}$$

式中，R_A 和 R_B 分别为 A 和 B 处的支撑力。

假定地基梁的曲率与弯矩 M_{fz} 均为小变形，由此可得：

$$EI_{Gz}v'' = M_{fz}(X) \tag{13.20}$$

式中，v 为地基梁的挠曲；X 为沿着地基梁方向的距离，A 点（$X=0$）、B 点（$X=L$）。

从 A 到 C 之间横截面（图 13.7）的弯矩，可表达为：

$$M_{fz1}(X) = R_A X = \frac{b}{L}PX \tag{13.21}$$

联立式（13.20）、式（13.21）以及式（13.19），可以得到以下两个公式：

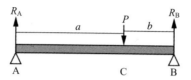

图 13.7 地基梁支撑受力示意图

$$EI_{Gz}v_1(X)=\frac{bP}{6L}X^3+C_1X+C_2$$

$$EI_{Gz}v_2(X)=\frac{aP}{6L}(L-X)^3+C_3X+C_4$$

(13.22)

式中，C_1、C_2、C_3、C_4 为常量集合。

该问题的边界条件为：

$$v_1(X=0)=v_L$$
$$v_2(X=L)=v_R$$
$$v_1(X=a)=v_2(X=a)$$
$$v'_1(X=a)=v'_2(X=a)$$

(13.23)

将边界条件带入式（13.22），可以得到：

$$\begin{bmatrix} 0 & 1 & 0 & 0 \\ 0 & 0 & L & 1 \\ a & 1 & -a & -1 \\ 1 & 0 & -1 & 0 \end{bmatrix}\begin{bmatrix} C_1 \\ C_2 \\ C_3 \\ C_4 \end{bmatrix}=\begin{bmatrix} EI_{Gz}v_L \\ EI_{Gz}v_R \\ \dfrac{ab(b^2-a^2)}{6L}P \\ -\dfrac{ab}{2}P \end{bmatrix}$$

(13.24)

式（13.24）中，仅有四个积分常数为未知向量。

13.4.3 算例分析

本节结合一个简单的算例，利用 Thermo-pile 软件进行计算分析。算例中相关计算参数如下：地基梁长 5m、地基梁横截面二次矩为 $0.1m^4$，地基梁所用混凝土的杨氏模量为 20GPa；能量桩和传统桩为桩径为 0.5m、桩长 10m 的圆形横截面桩；埋入均匀土体中的桩和地基梁，其 Menard 系数为 $E_M=60MPa$，桩侧极限摩擦力 $q_s=200kPa$、桩端极限阻力 $q_b=4500kPa$。能量桩距离左侧传统桩距离为 1m，循环温度为 60℃。Thermo-pile 软件计算模拟结果如图 13.8 所示。

由于刚性地基梁两端被传统桩固定连接，因此，位于两根传统桩之间的能量桩引起地基梁的变形最大值处并不是能量桩桩顶（图 13.8a）。由图 13.8（b）和

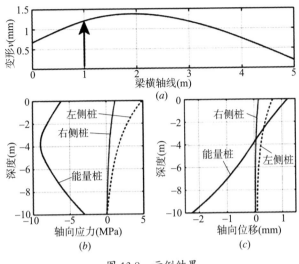

图 13.8　示例结果

（a）地基梁变形曲线；（b）桩身轴力；（c）桩体位移

图 13.8（c）桩身轴力和桩体位移沿桩深方向的分布规律可知，能量桩承受压缩荷载、两侧传统桩受拉伸荷载，且由于左侧传统桩距离能量桩相对更近造成左侧传统桩受能量桩影响更大。在地基梁与三根桩接触位置，出现不均匀位移；能量桩与右侧传统桩之间的差异变形量达到 1mm；不过，这么大的差异变形是在几根桩之间距离比较近且温度升高值相对较大时才会发生。

13.5　本章小结

本章所开发的 Thermo-pile 计算软件可以准确地模拟试验现场；Thermo-pile 计算软件所选用的荷载传递法可以相对较好且有效的计算单调循环温度影响下能量桩的热学特性。

由于 Thermo-pile 计算软件是基于简单的迭代算法开发的，因此可以相对容易地增加 Euler-Bernoulli 等各类复杂模型耦合到计算软件中，使其可以具有更广泛的适应性（如本章给出的计算实例：能量桩与简支梁问题）。与复杂的有限元方法相比，本章所建立的基于迭代过程的简单计算方法相对更容易操作且符合实际工程设计应用。

致谢

本章研究成果受瑞士 EOS 控股公司项目"GRETEL Ⅱ：基于能量桩技术在土体中储存能源的岩土可靠性分析"资助；本章作者对此表示衷心的感谢。

参考文献

[AMA 12] AMATYA B.L., SOGA K., BOURNE-WEBB P.J., *et al.*, "Thermo-mechanical behaviour of energy piles", *Géotechnique*, vol. 62, no. 6, pp. 503–519, 2012.

[ARM 87] ARMALEH S., DESAI C., "Load deformation response of axially loaded piles", *Journal of Geotechnical Engineering*, vol. 113, no. 12, pp. 1483–1500, 1987.

[BAU 09] BAUCHAU O.A., CRAIG J.I., "Euler-Bernoulli beam theory", *Structural Analysis*, Springer Neherlands, 2009.

[BOU 09] BOURNE-WEBB P. J., AMATYA B., SOGA K., *et al.*, "Energy pile test at Lambeth College, London: geotechnical and thermodynamic aspects of pile response to heat cycles", *Géotechnique*, vol. 59, no. 3, pp. 237–248, 2009.

[COY 66] COYLE H. M., REESE L. C., "Load transfer for axially loaded piles in clay", *Journal of the Soil Mechanics and Foundations Division*, vol. 92, no. 2, pp. 1–26, 1966.

[DUP 13] DUPRAY F., LALOUI L., KAZANGBA A., "Numerical analysis of seasonal heat storage in an energy pile foundation", *Computers and Geotechnics*, 2013.

[FRA 82] FRANK R., ZHAO S. R., "Estimation par les paramètres pressiométriques de l'enfoncement sous charge axiale de pieux forés dans des sols fins", *Bull Liaison Lab Ponts Chaussées*, vol. 119, pp. 17–24, 1982.

[FRA 91] FRANK R., KALTEZIOTIS N., BUSTAMANTE M., *et al.*, "Evaluation of performance of two piles using pressuremeter method", *Journal of Geotechnical Engineering*, vol. 117, no. 5, pp. 695–713, 1991.

[KNE 11] KNELLWOLF C., PERON H., LALOUI L., "Geotechnical analysis of heat exchanger piles", *Journal of Geotechnical and Geoenvironmental Engineering*, vol 137, no. 10, pp. 890–902, 2011.

[LAL 99] LALOUI L., MORENI M., STEINMANN G., *et al.*, Test en conditions réelles du comportement statique d'un pieu soumis à des sollicitations thermo-mécaniques, Swiss Federal Office of Energy (OFEN), report, 1999.

[LAL 03] LALOUI L., MORENI M., VULLIET L., "Comportement d'un pieu bi-fonction, fondation et échangeur de chaleur", *Canadian Geotechnical Journal*, vol. 40, no. 2, pp. 388–402, 2003.

[LAN 78] LANG H.J., HUDER J., *Bodenmechanik und Grundbau: Das Verhalten von Böden und die wichtigsten grundbaulichen Konzepte*, Springer, Berlin, Heidelberg, 1978.

[MIM 13] MIMOUNI T., LALOUI L., "Towards a secure basis for the design of geothermal piles", *Acta Geotechnica*, 2013.

[RAN 78] RANDOLPH M.F., WROTH C.P., "Analysis of deformation of vertically loaded piles", *Journal of the Geotechnical Engineering Division*, vol. 104, no. GT12, pp. 1465–1488, 1978.

第14章
苏黎世机场航站楼现场试验研究

Danial PAHUD

14.1 航站楼工程概况

苏黎世机场新航站楼 E 建筑物，长 500m、宽 30m，设计飞机停靠架数为 26 架；建筑物照片如图 14.1 所示。建筑采用 440 根现浇混凝土灌注桩支撑上部建筑荷载，桩基穿越湖泊沉积软土层至冰碛土层，桩长为 30m、桩径为 0.9~1.5m。该栋建筑中广泛使用了可再生能源技术，预计利用该技术可以分别满足整栋建筑物 65% 的供暖和 70% 的制冷需求。在 440 根建筑桩基础中，大约 300 根桩安装了换热管（即为能量桩）；每根能量桩钢筋笼上绑扎 5 根 U 形管，通过 U 形管内换热液体的循环使得上部建筑与地层之间实现热交换，从而减少额外的建筑能源需求。按照每层建筑面积 85200m² 计算，该建筑物整体年能源消耗量约为 15kW·h/m²；估算能量桩提供年总电能指标 110kW·h/m²，该能源总量小于每天使用 18 小时的中央空调系统建筑耗能。

该建筑于 1995 年开始设计，2000 年开始兴建，2003 年完成相关建筑安装与调试；2004 年 9 月，开始为期两年的能量桩系统测量工作。

图 14.1 苏黎世机场航站楼照片（440 根桩基、桩长 30m）

14.2　能量桩系统设计过程

能量桩系统设计是一个多学科交叉系统工程；在具体工程项目中，作为桩基础的一部分，它的设计在项目的启动初期就需要考虑。这离不开对现场地质、岩土和水文地质实际情况的准确勘察；也离不开对建筑物供暖和制冷能源需求的提前精确预估。从这一点上看，基于能量桩的布置位置、几何形状、热学特性的不同，可以评估和对比能量桩系统的差异性。整个能量桩系统设计过程，从项目开始至最终项目结束之前，均可以结合所获得的相关数据进行反复评估、调整、设计。下文相关设计过程结合苏黎世机场新航站楼 E 建筑物下能量桩系统开展。

14.2.1　能量桩系统概念

能量桩系统将供暖与制冷同时集成在一个系统里；冬季给建筑物供暖、夏季给建筑物制冷。当冬季给建筑物供暖时，利用热泵技术可以以相对较低的能耗通过桩基础从地层土体中提取热量，随着运行时间的累积，这些热量将会最大限度地被提取出来；然后现场可以实现区域供热，并满足峰值功率负载。但是对建筑供暖的同时，也会导致地层温度降低。因此，对于长期运行的能量桩系统而言，需要对地层进行热源补给，可以利用建筑物中同时存在的制冷需求实现这种热源补给。通过平板热交换器将能量桩提取热流回路与冷却分布回路直接耦合，可以达到直接冷却效果；冷却峰值功率负荷由冷却机器提供。为了不损坏冷却机器，该机械设备设置在桩基以外；余热储存在建筑物的屋顶冷却塔里。

14.2.2　需要解决的问题

首先必须确定传统桩基础系统的尺寸，从而确保换热液体在桩基础埋管中流动时，其温度在给定的范围之内。该条件在任何时候都必须得到满足，特别是在系统多年长期运行之后。这是因为温度变化必须要与桩基础最主要的功能兼容，那就是支撑上部荷载，提供良好的稳定性。这里有一点至关重要，能量桩桩体混凝土材料的温度始终保持在 0℃以上；比如，苏黎世机场新航站楼 E 建筑物下能量桩内换热液体温度就在 0~18℃之间，这是由于桩体内最高温度受制于制冷阶段换热管内液体的最高温度。基于能量桩系统中流体温度变化相对较小这一事实，通常假定温度对桩基础静力承载特性的影响可以忽略不计。

初步计算时，首先要弄清楚下列一些问题：

（1）在桩体里要埋设多少根 U 形管，U 形管的最佳布置位置在哪里？

（2）导热液体仅仅是纯淡水，还是加入防冻液的水更合适？

（3）通过能量桩每年能提取或注入多少能源？

（4）提取或注入桩基础的最大功率是多少？

最后两个问题不仅与能量桩的热能提供能力有关，而且与能量桩系统的技术可行性有关；同时还需要考虑建筑物整体热能需求，它们共同决定热泵的尺寸。通过系统计算和模拟可以得出相关结论，模拟模型必须考虑以下几方面因素：

（1）当地的地质及水文条件；

（2）能量桩设计的数量、布置形式以及几何尺寸；

（3）地层与建筑基础之间的热量传递，要考虑基础内横向连接管与桩体内竖向循环管之间形成的回路；

（4）建筑物对供暖或制冷的能源需求；

（5）供暖或制冷系统中的温度水平；

（6）用于满足能源需求的系统概念，该系统概念主要是为了使能量实现最优组合同时使热效率达到最大化。基于最新获得的相关数据信息，后续计算已经对之前的结果进行了修正。最终，一个详细的系统模拟完成，使作者能够确定系统布局的最优化结果，并建立一个能量桩系统的控制策略。对苏黎世机场新航站楼 E 建筑物下能量桩系统设计历史的回顾，有助于加深对能量桩系统设计的认识；本章后续几节针对该项设计过程进行了详细介绍和讨论。

14.2.3 初步计算

1997 年 8 月开始初步设计计算；首先，根据传热计算确定桩体里 U 形管的最优数量和相应设计位置；随后，将能量桩作为整体空调系统的一部分，进行整体能源平衡计算。

U 形管的布置应当尽量能靠近桩端底部及桩周侧壁；由于工程实际施工因素影响，U 形管往往固定绑扎在钢筋笼内侧壁。对于桩径为 1.4m 的苏黎世机场新航站楼 E 建筑物下的能量桩，桩体内垂直 U 形管埋设最多不超过 4 对。

水文地质条件初步勘察结果表明，地下水位接近地表，且基本没有地下水流运动，因此其地下水水力梯度近似为零。地层中热量传递以热传导为主，根据相关文献估算影响热传导的最主要参数热传导率为 2W/m·K。

初步设计中第一次模拟是基于简单假设进行的，而不是考虑所有影响热过程的因素；初步设计计算所采用的建筑供暖或制冷需求如图 14.2 所示。

针对 196 根桩长 25m 的能量桩（其中，一半桩径为 1.4m，另一半桩径为 1.0m）进行初步模拟计算。研究表明，作为导热液体，使用加入防冻液的水要比纯淡水效果相对更好；含防冻液的水作为导热液体时，可以使桩体的最低循环温度从 4℃降低到 0℃（详见表 14.1）。因为使用防冻液会具有相对更好的热学性能，因此，本章实例中选用防冻液和水的混合液作为桩体内循环导热液体。

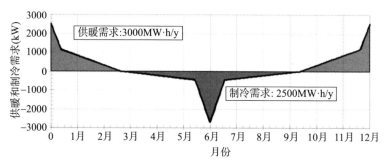

图 14.2 初步设计采用的每月供暖与制冷需求

能量桩系统初步设计计算结果 表 14.1

		纯淡水	水 + 防冻液
供暖	热泵最大功率（kW）	200	360
	年度能源总量（MW·h/y）	710	1200
制冷	最大功率（kW）	110	150
	年度能源总量（MW·h/y）	490	640
能量桩	数量—总长度（m）	196~4900	196~4900
	最低流体温度（℃）	4	0
	提取（冬天）：时刻（W/m）	31	55
	年度能源总量（kW·h/m/y）	108	184
	注入（夏天）：时刻（W/m）	22	31
	年度能源总量（kW·h/m/y）	100	131

14.2.4 第二次验算

几个月后，通过对建筑物能源系统进行动态模拟，获得了更为精确的建筑物能源需求；建筑供暖需求峰值功率负载为 2800kW，年度耗能为 1280MW·h；建

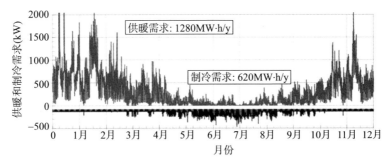

图14.3　第二次设计计算采用的每月供暖与制冷需求

筑物制冷需求年度耗能为1200MW·h。能量桩系统具有500kW的最大峰值制冷功率，每年可以供应620MW·h能源给制冷空调系统。为了模拟能量桩系统，图14.3给出了每小时的供暖和制冷能源需求。

　　第二次设计时桩基础的位置、数量和尺寸都已经是明确的；在本项目这个阶段，设计350根桩径为0.9~1.5m的桩基础，并根据上部建筑荷载支撑需求设计相应的桩基位置，桩基础整体布置相对集中。从热力学角度看，桩基础集中且规律布置，是选择作为能量桩的重要标准。因此，本项目选择其中304根桩基作为能量桩。第二次对比计算分别模拟了200根和304根能量桩情况下的系统能源平衡情况，计算结果见表14.2。相对于第一次初步设计计算，第二次的设计计算中由于输入了相对更加精确的负载条件，所以可以发现，200根能量桩时，年度传输耗能较小，供暖/制冷功率也较小；但是从整体耗能平衡角度看，它获得了较大

	能量桩系统第二次设计计算结果		表 14.2
		200 根能量桩	304 根能量桩
加热	最大热泵功率（kW）	600	800
	年度能源总量（MW·h/y）	1030	1150
制冷	最大功率（kW）	210~450	360~470
	年度能源总量（MW·h/y）	580	610
能量桩	数量—总长度（m）	5000	7600
	最低流体温度（℃）	0	0
	提取（冬天）：时刻（W/m）	86	75
	年度能源总量（kW·h/m/y）	148	108
	注入（夏天）：时刻（W/m）	42~90	47~62
	年度能源总量（kW·h/m/y）	116	80

的供暖／制冷热传导率。

即使是采用 304 根能量桩，峰值制冷荷载也并不能满足建筑能源需求；还需要提供 100~150kW 的额外制冷能源。能量桩系统优化设计目标为：夏季换热管传递上来的地热能恰好可以充当建筑制冷能源需求；余热不通过能量桩疏散而是通过位于屋顶的冷却塔散发。

14.2.5 第三次最终计算

第二次设计计算结束一年后，开始项目第三次最终模拟计算。同时，进行土体热响应测试来评估现场的地层温度和热导率 [PAH 98a]。基于最新的可靠数据，开展建筑供暖和制冷需求模拟设计 [KOS 98]。通过模拟计算得知，年度供暖需求为 2720MW·h/y、峰值供暖需求为 4000kW；年度制冷需求为 1240MW·h/y、峰值制冷需求仍然为 500kW（图 14.4）；整体上需要重新组合能量桩系统才能满足部分制冷需求。

到目前为止，能量桩的数量、直径、长度和位置都已经最终确定。利用 PILESIM 软件（第一版）对系统进行模拟和计算 [PAH 98b]；相应的模拟结果见表 14.3。系统热平衡模拟结果表明，55% 的制冷需求是和供暖同时完成的，即通过供暖用的热泵来实现。能量桩作为制冷使用时，地热能源可以满足 32% 的制冷需求；剩下的 13% 则是将热泵作为制冷机使用从而实现的。此外，从能量桩中吸收的热量只有 36% 最终通过桩体回到了地层中，如此低的地层能源恢复率是由于建筑物尺寸较大（截面为 30×500m）而且桩间距较大（大约 9m）造成的。

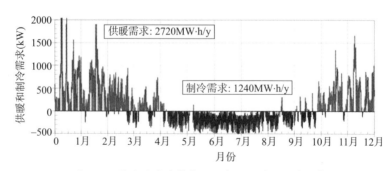

图 14.4 最终设计计算采用的每月供暖与制冷需求

	能量桩系统最终设计计算结果	表 14.3
		PILESIM 软件计算结果
加热	最大热泵功率（kW） 年度能源总量（MW·h/y）	630 2300
制冷	最大功率（kW） 年度能源总量（MW·h/y） 热泵 桩（岩土冷却） 制冷机器	500 1240 55% 32% 13%
能量桩	数量—总长度（m） 最低流体温度（℃） 提取（冬天）：时刻（W/m） 年度能源总量（kW·h/m/y） 注入（夏天）：时刻（W/m） 年度能源总量（kW·h/m/y）	306~8200 0 49 135 最大值 49 48

14.2.6　基于 TRNSYS 软件的数值模拟

为了能够尽可能准确的模拟实际能量桩系统的热交换特性，采用 TRNSYS 数值模拟软件 [KLE 98] 来模拟能量桩系统布置，模拟主要目的为：

（1）使用 PILESIM 检验地源热泵尺寸和整体空调系统热平衡；

（2）优化系统布置；

（3）为系统运行建立一个优化控制策略。

TRNSYS 数值模拟使用 PILESIM 确定地源热泵尺寸，同时提供一个仿射系统的热平衡 [PAH 99]。

14.3　PILESIM 软件

PILESIM 是一款为了模拟分析钻孔地源热泵或者能量桩地热存储系统而开发的计算软件，该软件基于一个非标准的 TRNSYS 组件和 TRNVDSTP 开发而成 [PAH 96]；即 PILESIM 是 TRNSYS 的一个 TRANSED 应用子程序。PILESIM 用户并不需要 TRNSYS 的许可证或者掌握 TRNSYS 的专业知识，可以通过一个友好的用户界面、尽量少的系统布置，来访问和选择主要参数进行设计。PILESIM 软件是在苏黎世机场新航站楼 E 建筑物下能量桩系统设计过程中创建的，主要为了促进

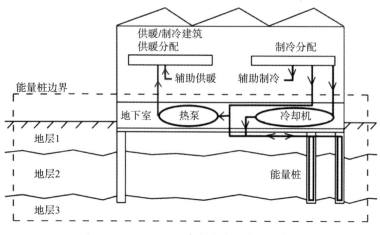

图 14.5　PILESIM 程序中能量桩系统示意图

设计过程中桩基系统的重复模拟。PILESIM 软件可以考虑地层、能量桩或钻孔地源热泵、以及地表与建筑物接触面之间的热传递，从而模拟能量桩或者钻孔地源热泵系统。以能量桩系统为例，软件技术安装说明如图 14.5 所示。

建筑物供暖、制冷需求是作为 PILESIM 软件计算中的已知量输入的。一年内的每小时标准能源分布图由另外的仿真程序模拟提供。

根据不同的系统参数，PILESIM 能够运用于不同设计阶段、不同详细程度的能量桩系统设计中；即 PILESIM 能从一个项目的初期使用到项目的最后阶段。

14.4　系统设计与测量点布置

能量桩系统和测量点的系统布局如图 14.6 所示。由图 14.6 可见，能量桩系统中制冷过程可以通过 HX-W 或者 HX-S 热交换器进行传送。在冷却区域内，温度为 14℃的正向流体由能量桩回路系统中的可变流率控制阀（V2 或 V3）控制。由于流率不能低于给定值，当能量桩循环回路温度太低时，功率相对较大的 HX-W 热交换器将会取代功率相对较小的 HX-S 热交换器（通常是冬季）。系统运行控制模块由 V1、V4 和 V7 开关控制。当通过能量桩向地层内传导热量时，开启 V1 和 V4、关闭 V7，并且开启 P4。当能量桩从地层吸热即对地层制冷时，关闭 V1 和 V4、开启 V7，并且关闭 P4。

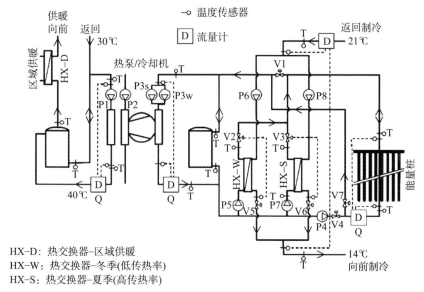

HX-D: 热交换器-区域供暖
HX-W: 热交换器-冬季(低传热率)
HX-S: 热交换器-夏季(高传热率)

图 14.6 系统布置和测量点示意图

能量桩系统的监测主要通过测量指定点的参数完成，包括：15 个流体的温度，11 个循环泵和热泵的工作状态，5 个涵盖区域供暖的热量计（读数），以及 15 个地表与外部空气的温度（位于四根普通桩处）。这些监测点由建筑自动化系统每隔五分钟记录一次。另外，监测中也安装了单独的数据记录器来记录循环水泵、热泵和冷却机的电力消耗量。

14.5 实测的系统热性能

实测所得的热泵热能传递值为 2210MW·h，加上区域供暖提供 810MW·h，实测年度热能总量为 3020MW·h。热泵的年度热性能系数（COPA）设定为 3.9，包括循环泵 P1（冷凝器）、P3w（蒸发器）和 P4（能量桩）的电能；除去循环泵机，热泵的 COPA 值可设为 4.5。从热泵冷凝器中流出的换热液体年平均温度为 39℃，且在供热期间基本为常数。该温度值比较适中，且能够获得，主要是由于从加热区域返回的流体温度较低。测量得到的平均温度为 29℃，这甚至比预期的设计值更好一些。详细的监测过程与结果可见参考文献 [PAH 07a]。每月实测获得的制冷分配网络中的制冷能量分布如图 14.7 所示。

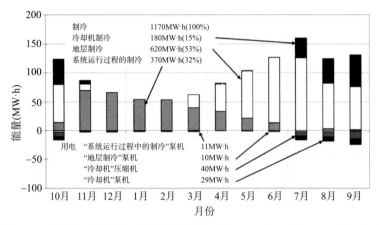

图 14.7　制冷分配网络中每月制冷能量分布（2005 年 10 月～2006 年 9 月）

循环泵与制冷机器的电能消耗实测值为 90MW·h。整体的冷却效率，由系统输送的制冷能量和用于制冷系统运作消耗的电能之间的比值决定，被设定为 13。该数值较大主要是由于地层具有较高的制冷效率（61）。制冷机器的效率设定仅为 2.7，这是由于受循环泵耗电的影响。上述电能消耗占据了冷却机压缩耗电量的 70% 以上。这也表明，热泵作为制冷机器时，并不能充分的满足制冷需求。

能量桩系统热平衡结果如图 14.8 所示。参考文献 [PAH 99] 对实测值以及基于 PILESIM 软件计算获得的预测值进行了比较。预测值结果与实测值吻合良好；由此表明，软件模拟的供暖和制冷需求精度较高；[KOS 98]；这也证实了此次的设计步骤和此次设计中使用的模拟工具都是适合且满足要求的。

实际上，能量桩实际运行效率值比预期值高，同时供暖和制冷需求也没有预期的那么多；因而，实际地热转化率与设计地热转化率非常相近，从而能够保证系统的长期运行。

在冷热循环过程中，桩体循环换热管入口和出口处的液体温度随日期的变化情况如图 14.9 所示；常温桩实测出来的地层温度也如图 14.9 所示。第一年测量时，流入桩体的换热液体的最低温度为 2.4℃；第二年测量时，流入的换热液体的最低温度为 2.5℃。由于地层中参与热交换的土体体积较大，所以在地表热影响范围以下部分，土体温度虽然有季节性变化但是变化量很小。

从制冷区域返回的液体温度实测值为 17℃，低于预期值的 21℃。能量桩桩体内的最大热注入速率要比预测的低一些，而且地层制冷潜能也并未被完全利用。

年度能量需求 设计/实测2005～2006

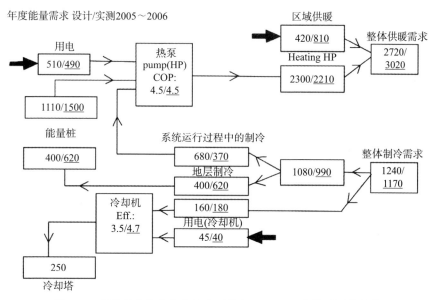

图 14.8　能量桩系统热平衡的实测值与 PILESIM 软件预测值比较

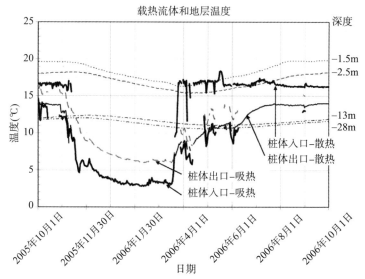

图 14.9　热量提取和注入过程中桩体循环管内导热液体的日常温度水平
（不同深度处的地层温度在能量桩中间位置处测定）

系统的整体效率定义为：系统的热能传递（供暖和制冷），和运行所需总电能（所有的循环泵、热泵和制冷机器）的比值，本项目系统的整体效率为 5.1。

14.6　系统的集成优化

基于详细的系统实测数据，PILESIM 软件的模拟能力得到了提升，可以更好地考虑地层制冷方面的计算 [PAH 07b]；利用实测获得的热性能数据，已经成功对软件进行了校准，并且对各种设计参数下的地层制冷灵敏性进行了分析 [PAH 07a]。最重要的参数是在制冷分配中的液体温度分布。由图 14.10 可知，能量桩系统中地层制冷对系统制冷的贡献，与建筑制冷前期换热液体的温度相关。模拟所得的制冷能源总量，包括地层制冷和冷却机制冷两部分，大概为 700MW·h/y；这与图 14.8 中所给出的实测值 800MW·h/y 略有不同。

地层制冷的换热效率与水平换热管的连接直接相关。当换热管正好布置在建筑物底部时，其温度比位于土层其他位置时要高一些（图 14.9）。

当能量桩系统既提供供暖、又提供制冷时，制冷过程中可能需要相对更高的温度；这主要由制冷器的大小和类型决定。苏黎世机场新航站楼 E 建筑物能量桩系统制冷时，正向流入液体温度达到 16~17℃时，就不需要运行制冷机器；这样整个系统的效率将会从 5.1 升高到 5.7。另外，这种运行模式有利于降低系统的损坏可能，提高系统的稳定性，这是因为该模式避免了能量桩系统在供暖与制冷之间的频繁切换，而这种频繁切换有可能在 10 月天气晴朗时发生。

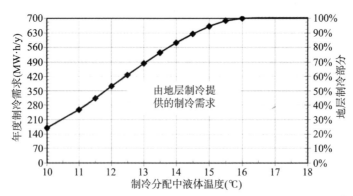

图 14.10　地层制冷潜能对制冷分配中液体温度水平的灵敏度

14.7　本章小结

能量桩系统的热性能稳定且与设计值相近；这也证实了在能量桩系统设计中，考虑热响应测试、能源需求的动态建筑模拟和桩基热性能模拟等的必要性。

供暖 / 制冷双重能量桩系统已经可以很好地实现夏季模式的运作。通过对热量分配系统良好的设计和控制，可以使得循环液体回流温度相对较低。这里的系统概念是为强调地层制冷而设计的，但是，地层制冷的潜能对整个系统制冷设计中需要的温度十分敏感。

基于 PILESIM 模拟分析表明，若是制冷分配中预期的换热管内换热液体温度为16~17℃而不是14℃时，则无需使用制冷机器；同时系统的整体实测效率将会从5.1升高到5.7。如此高的效率主要得益于很高的地层制冷效率，其实测值达到了61。

由于良好的热性能，苏黎世机场新航站楼 E 建筑物桩基础中，采用能量桩比采用传统桩基础更经济。

致谢

本章研究成果受瑞士联邦能源办公室、Unique AG 和 Amestein+Walther AG 联合资助；本章作者对此表示衷心的感谢。

参考文献

[KLE 98] KLEIN S.A. *et al.*, TRNSYS: a transient system simulation program. Version 14.2, Solar Energy Laboratory, University of Wisconsin, Madison, WI, 1998.

[KOS 98] KOSCHENZ M., WEBER R., *Thermische Simulationsberechnungen Dock Midfield Teil 2*, EMPA, Abt. Haustechnik, Dübendorf, 1998.

[PAH 96] PAHUD D., FROMENTIN A., HADORN J.-C., The duct ground heat storage model (DST) for TRNSYS used for the simulation of heat exchanger piles, User manual, December 1996 Version, Internal Report, LASEN – DGC – EPFL, Switzerland, 1996.

[PAH 98a] PAHUD D., FROMENTIN A., HUBBUCH M., Response – Test für die Energiepfahlanlage Dock Midfield, Zürich Flughafen. Messung der Bodenleitfähigkeit in situ, Federal Office of Energy, Publication number 195323, available at www.bfe.admin.ch/dokumentation/energieforschung, 1998.

[PAH 98b] PAHUD D., PILESIM: simulation tool of heat exchanger pile systems, User manual, Laboratory of Energy Systems, Swiss Federal Institute of Technology in Lausanne, Switzerland, 1998.

[PAH 99] PAHUD D., FROMENTIN A., HUBBUCH M., Heat exchanger pile system of the Dock Midfield at the Zürich Airport. Detailed simulation and optimisation of the installation, Final report, Swiss Federal Office of Energy, Publication number 195325, available at www.bfe.admin.ch/dokumentation/energieforschung, 1999.

[PAH 07a] PAHUD D., HUBBUCH M., Mesures et optimisation de l'installation avec pieux énergétiques du Dock Midfield de l'aéroport de Zürich, Final Report, Federal Office of Energy, Publication number 270095, available at www.bfe.admin.ch/dokumentation/energieforschung, 2007.

[PAH 07b] PAHUD D., PILESIM2: simulation tool for heating and cooling systems with energy piles or multiple borehole heat exchangers, User manual, ISAAC – DACD – SUPSI, Switzerland, 2007.

作者列表

Ghassan Anis AKROUCH
德克萨斯州农工大学
美国

Nahed ALSHERIF
科罗拉多大学波尔得分校
美国

Tony AMIS
GI 能源有限公司
英国

Jean-Baptiste BERNARD
ECOME 有限公司
法国

Peter BOURNE-WEBB
里斯本大学高等技术学院
葡萄牙

G.Allen BOWERS
弗吉尼亚理工大学
美国

Jean-Louis BRIAUD
德克萨斯州农工大学
美国

Sebastien BURLON
里尔科技大学
法国

Charles J.R.COCCIA
科罗拉多大学波尔得分校
美国

Alice DI DONNA
洛桑联邦理工学院
瑞士

Fabrice DUPRAY
洛桑联邦理工学院
瑞士

Wolf FRIEDEMANN
艾德旭普林公司
德国

Julien HABERT
里尔科技大学
法国

Ghazi HASSEN
法国国立路桥学校
法国

Lyesse LALOUI
瑞士联邦理工学院
瑞士

John S.MCCARRTNEY
科罗拉多大学博尔德分校
美国

Thomas MIMOUNI
里尔科技大学
法国

C.Guney OLGUN
弗吉尼亚理工大学
美国

Daniel PAHUD
瑞士大学应用科学与艺术学院
瑞士

Jean–MichelPEREIRA
巴黎路桥学院
法国

Norbert PRALLE
艾德旭普林公司
德国

Marcelo SANCHEZ
德克萨斯州农工大学
美国

Melissa A.STEWART
科罗拉多大学博尔德分校
美国

Maria E.SURYATRIYASTUTI
里尔科技大学
法国

Anh Minh TANG
巴黎路桥学院
法国

Veli Matti UOTINEN
罗奇
芬兰

Nico VON DER HUDE
比尔芬格柏格建筑公司
德国

Bernhard WIDERIN
环境及可再生能源公司
奥地利

Neda YAVARI
巴黎路桥学院
法国